C4D+AE 特效
基础实例教程

主　编　刘　娜　张永宾
副主编　韩来栋
参　编　王丽丽　张星海

北京理工大学出版社
BEIJING INSTITUTE OF TECHNOLOGY PRESS

内容提要

本书通过项目案例，系统讲解并综合运用Cinema 4D和After Effects两个软件制作视频特效。全书由软件基础、基础案例、实景融合、流体特效4个模块组成。软件基础模块介绍Cinema 4D和After Effects软件功能和基本操作。基础案例、实景融合、流体特效3个模块都是实战模块，通过8个项目案例和6个拓展案例，由浅入深、由简单到复杂地讲解粒子发射器、各类效果器、摄像机反求技术及流体特效的制作过程，其中涉及E3D、Particular粒子、灰猩猩、RealFlow等10多种C4D和AE常用插件。

本书可作为高等院校数字媒体艺术设计、视觉传达设计、广告艺术设计专业的教材，也可作为视频设计行业从业人员的工具书。

图书在版编目（CIP）数据

C4D+AE特效基础实例教程／刘娜，张永宾主编. --
北京：北京理工大学出版社，2023.5
　　ISBN 978-7-5763-2331-3

Ⅰ.①C… Ⅱ.①刘… ②张… Ⅲ.①视频编辑软件—
教材　Ⅳ.①TP317.53

中国国家版本馆CIP数据核字（2023）第074874号

出版发行／北京理工大学出版社有限责任公司

社　　址／北京市海淀区中关村南大街5号

邮　　编／100081

电　　话／（010）68914775（总编室）

　　　　　　（010）82562903（教材售后服务热线）

　　　　　　（010）68944723（其他图书服务热线）

网　　址／http：//www.bitpress.com.cn

经　　销／全国各地新华书店

印　　刷／河北鑫彩博图印刷有限公司

开　　本／787毫米×1092毫米　1/16

印　　张／16　　　　　　　　　　　　　　　　　　　责任编辑／时京京

字　　数／438千字　　　　　　　　　　　　　　　　文案编辑／时京京

版　　次／2023年5月第1版　2023年5月第1次印刷　　责任校对／刘亚男

定　　价／89.00元　　　　　　　　　　　　　　　　责任印制／王美丽

前言 PREFACE .... ◉

　　我们在越来越多的视频特效中看到了Cinema 4D和After Effects软件的影子，它们的应用日益广泛，Cinema 4D软件已成为视频设计师的必备工具。本书是一本Cinema 4D和After Effects综合运用的实战类书籍。

　　本书秉承"以人为本"的编写理念，以视频设计师岗位能力培养为基本出发点，采用易上手的项目式编写思想，以典型项目案例为主体内容，知识点不再单独讲解，而是融入项目案例，每个实例都会涉及多个相关的知识点，且以项目案例承载知识点；模块化和项目化的课程结构，可以达到独立学习模块和整体知识体系相结合的学习效果；螺旋递进的内容设计，多维度、立体的内容呈现方式，能保证学习者尽快习得特效制作的基本技能，满足学习者个性化学习需求。

　　本书的项目案例除承载技术、技能外，更重要的是在项目实施过程中培养学生的家国情怀、爱岗敬业、守正创新等方面的素养，让学习者体会到知识有用、技术可以让生活变得更美好，产生成就感，进而喜欢并热爱自己的专业，有信心成长为一名优秀的视频设计制作者。

　　项目分析环节对项目案例的创意理念、制作思路、应用技术进行分析，挖掘可供借鉴的色彩、构图及设计思想的表达方式。

　　项目实施部分详细描述项目制作过程，图文并茂，重要技能点、易错点用"小贴士"进行提示；重、难点部分添加二维码，可以即时查看视频，便于学习者进行学习。

　　项目总结既对项目所用技术进行总结，又从培养使命意识、坚定理想信念及养成求真务实、严谨勤奋、精益求精工作态度两个维度，融入无形的价值观教育，帮助学习者塑造正确的世界观、人生观、价值观，坚定他们做社会主义正能量传播践行者的信念。

　　课后测试部分的试题对接"影视数字特效制作职业技能等级证书""数字创意建模职业技能等级证书"题库，岗位技能对接企业标准。

　　任务绩效考核为学习者提供任务完成指导和自我考核量化指标，还设置思政考核指标，突出考查学习者的职业素养，有助于学习者职业标准和职业道德的养成，为发展职业能力奠定良好的基础。

　　本书提供思维导图、高质量教学演示视频、项目素材、技能测试题等教学资源，"项目素材和效果+拓展训练素材和效果+高质量教学视频+技能测试题库"的全方位、立体化教学资源，为教师教、学生学提供了便利。

素材资源包

　　本书基于学习者视角，为使教材更为实用和易学，注重细节的设计，"思维导图""学习要求"帮助梳理制作思路和准确地把握学习重难点；重要操作步骤添加了二维码，提供高质量演示视频，直观展现案例难点、重点制作过程；将重要提示用"小贴士"展示，提示内容包括制作技巧和技能点、操作中易犯错误或注意事项，强化学习者对知识点的理解和运用。

　　通过本书的学习，学习者能掌握视频特效基础制作技能，获得视频设计的方法，为后续的学习打下基础，为未来成为一名有高尚职业操守、技术过硬的数字创意设计人才做好铺垫。

　　本书主编刘娜从教20余年，有丰富的教学、实践经验，本书的项目案例也是其多年来的教学积累；主编张永宾，从技术和思想两个方面对项目进行总结。本书在编写过程中得到了来自企业的视频设计师韩来栋（副主编）的技术指导，山东信息职业技术学院王丽丽以及日照职业技术学院张星海两位老师（参编）为本书的部分案例制作了素材，在此深表谢意。

　　由于编者水平有限，加之编写时间仓促，疏漏之处在所难免，恳请各位读者批评指正。

编　者

目录 CONTENTS ○

模块1　软件基础

项目1 **软件基础** 003

1.1　认识 Cinema 4D 003

1.2　Cinema 4D 基础操作 006

　1.2.1　界面 006

　1.2.2　视窗窗口 007

　1.2.3　工具栏 007

　1.2.4　编辑栏 019

　1.2.5　对象窗口 020

　1.2.6　渲染 020

1.3　认识 After Effects 021

1.4　After Effects 基本操作 021

　1.4.1　界面 021

　1.4.2　项目设置和初始设置 022

　1.4.3　合成和预合成 023

　1.4.4　素材导入和层属性 024

　1.4.5　固态层和调整图层 025

　1.4.6　遮罩和形状图层 026

　1.4.7　特效 027

1.5　项目总结 028

1.6　课后测试 028

1.7　任务绩效考核 029

模块2　基础案例

项目2 **魔幻圣诞树** ··033

2.1　项目展示 ···033

2.2　项目分析 ···033

2.3　项目实施 ···034

　　2.3.1　树形建立 ···034

　　2.3.2　运动效果——发射器设置 ···037

　　2.3.3　运动效果——动力学设置 ···039

　　2.3.4　运动效果——飞出的小球 ···043

　　2.3.5　材质灯光设置 ···045

　　2.3.6　渲染输出 ···049

　　2.3.7　后期合成 ···052

2.4　项目总结 ···058

2.5　拓展学习 ···058

2.6　课后测试 ···059

2.7　任务绩效考核 ···060

项目3 **橡皮糖效果** ··062

3.1　项目展示 ···062

3.2　项目分析 ···062

3.3　项目实施 ···063

3.3.1　LOGO 制作 ··063

3.3.2　立方体动画 ··066

3.3.3　动画效果调整 ··068

3.3.4　文字动画 ··071

3.3.5　材质渲染 ··073

3.3.6　合成制作 ··080

3.4　项目总结 ··086

3.5　拓展学习 ··086

3.6　课后测试 ··087

3.7　任务绩效考核 ···088

项目 4　布料风车 ··090

4.1　项目展示 ··090

4.2　项目分析 ··090

4.3　项目实施 ··091

4.3.1　布料制作 ··091

4.3.2　布料风车制作——叶片制作 ···································096

4.3.3　布料风车制作—— 风车制作 ·································099

4.3.4　布料材质 ··101

4.3.5　后期处理 ··104

4.4　项目总结 ··112

4.5　拓展学习 ··112

4.6　课后测试 ··113

4.7　任务绩效考核 ···114

模块3　实景融合

项目 5 **E3D——怪兽来了** ·· 119

5.1　项目展示 ··· 119

5.2　项目分析 ··· 119

5.3　项目实施 ··· 120

　　5.3.1　怪兽动画导入 ·· 120

　　5.3.2　摄像机反求 ·· 123

　　5.3.3　实景融合 ·· 127

　　5.3.4　地面塌陷效果 ·· 133

5.4　项目总结 ··· 135

5.5　拓展学习 ··· 135

5.6　课后测试 ··· 136

5.7　任务绩效考核 ·· 136

项目 6 **快乐的小球** ··· 138

6.1　项目展示 ··· 138

6.2　项目分析 ··· 138

6.3　项目实施 ··· 139

　　6.3.1　摄像机解析 ·· 139

　　6.3.2　场景重建 ·· 141

　　6.3.3　环境搭建 ·· 148

    6.3.4   后期合成 ·· 156

    6.3.5   多个小球制作 ·· 160

6.4   项目总结 ·· 167

6.5   课后测试 ·· 168

6.6   任务绩效考核 ·· 168

项目 7 **疯狂毛发人** ·· 170

7.1   项目展示 ·· 170

7.2   项目分析 ·· 170

7.3   项目实施 ·· 171

    7.3.1   摄像机解析 ·· 171

    7.3.2   场景重建 ·· 175

    7.3.3   人物模型和动作 ···································· 182

    7.3.4   实景融合 ·· 187

7.4   项目总结 ·· 195

7.5   拓展学习 ·· 195

7.6   课后测试 ·· 196

7.7   任务绩效考核 ·· 196

模块4　流体特效

项目 8 **学习强国封面——滴水动画** ·························· 201

8.1   项目展示 ·· 201

8.2　项目分析 ·· 201

8.3　项目实施 ·· 202

  8.3.1　RealFlow 基础操作 ·· 202

  8.3.2　流体制作 ··· 206

  8.3.3　流体的材质和渲染 ·· 212

  8.3.4　后期处理 ··· 216

8.4　项目总结 ·· 220

8.5　拓展学习 ·· 220

8.6　课后测试 ·· 220

8.7　任务绩效考核 ·· 221

项目 9　平面广告——夏日饮品 ··· 223

9.1　项目展示 ·· 223

9.2　项目分析 ·· 223

9.3　项目实施 ·· 224

  9.3.1　流体发射器及形态调整 ··· 224

  9.3.2　水珠制作 ··· 229

  9.3.3　流体的材质和渲染 ·· 230

  9.3.4　后期合成 ··· 237

9.4　项目总结 ·· 242

9.5　课后测试 ·· 242

9.6　任务绩效考核 ·· 243

参考文献 ·· 245

模块 1
软件基础

项目 1 | 软件基础

在开始项目案例学习之前，我们要对所使用的软件有一个初步的认识。本项目主要是对 Cinema 4D 和 After Effects 两个软件进行简单介绍，让学习者对它们熟悉起来，为后续的学习打好基础。

	知识点　　　　　　学习目标	了解	应用	重点知识
学习要求	Cinema 4D、After Effects 软件安装		★	
	Cinema 4D 应用	★		
	Cinema 4D 基础操作		★	★
	After Effects 基础操作		★	★

1.1 认识 Cinema 4D

Cinema 4D，简称 C4D，字面意思是 4D 电影，不过其本身还是 3D 的表现软件，是德国 Maxon Computer 研发的 3D 绘图软件，以极高的运算速度和强大的渲染插件著称，在广告、电影、工业设计等方面都有出色的表现。例如，影片《阿凡达》使用 Cinema 4D 制作了部分场景，如图 1-1 所示。随着其技术越来越成熟，它正成为许多艺术家和电影公司的首选，Cinema 4D 已经走向成熟，很多模块的功能在同类软件中是代表科技进步的成果。

2020 C4D
官方展示样片

图 1-1

🌿小贴士 Cinema 4D、Maya、3ds Max 对比：相对于 C4D 的小巧、轻便，Maya、3ds Max 功能更为强大，体系更为完善，Maya 主要用于影视、动画等行业，3ds Max 主要用于建筑、室内设计、游戏制作等行业。

C4D 凭借强大的表现力、高效率及易上手等优点，获得很多初学者和设计师的青睐，在运算速度和渲染功能上表现也很优异，并且和其他软件接口友好，如图 1-2 所示，在其安装目录下单独设有和其他软件的接口文件。

Maxon Cinema 4D R23 › Exchange Plugins

名称

3dsmax

aftereffects

maya

Photoshop

图 1-2

在视频方面，Cinema 4D 与 After Effects 配合使用，已成为电视栏目包装设计的主流软件，如图 1-3 所示。

图 1-3

C4D 还广泛应用在产品广告设计中，小到化妆品、手机、手表、计算机，大到汽车等，如图 1-4 所示。

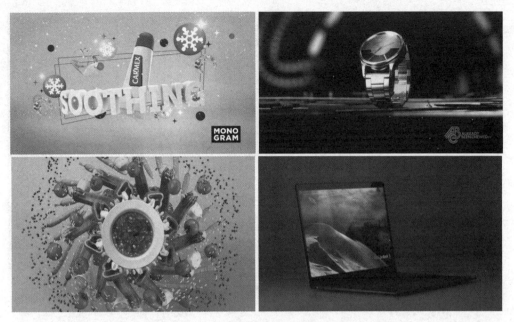

图 1-4

在平面设计方面，C4D 与 Photoshop、Illustrator 配合可以做出很好的效果，经常用于制作电商广告或平面广告，如图 1-5 所示。

图 1-5

一些创意类的场景或效果图需要用到实景合成，C4D 往往能带来意想不到的效果，如图 1-6 所示。

图 1-6

1.2

Cinema 4D 基础操作

1.2.1 界面

安装完成 Cinema 4D 软件后，打开软件，界面如图 1-7 所示。C4D 的界面由标题栏、菜单栏、工具栏、编辑栏、视窗窗口、时间线窗口、材质窗口、对象坐标、提示栏、对象窗口、属性窗口 11 个模块组成。

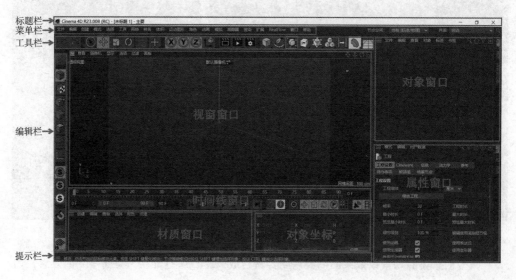

图 1-7

1.2.2　视窗窗口

Alt+ 鼠标左键→旋转；

Alt+ 鼠标中键→移动；

Alt+ 鼠标右键→缩放，滚动鼠标中键也可以进行缩放。

快捷键 F1~F4 分别代表透视视图、顶视图、右视图、正视图，如图 1-8 所示，在视图中单击鼠标中键可最大化该视图，再次单击鼠标中键将切换成默认的四视图。

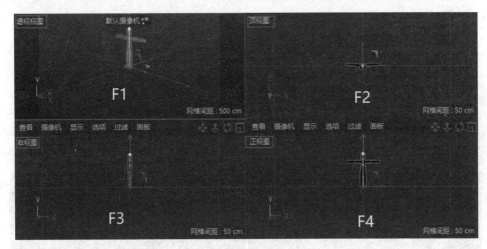

图 1-8

主窗口"显示"菜单下有多种显示方式，如图 1-9 所示。

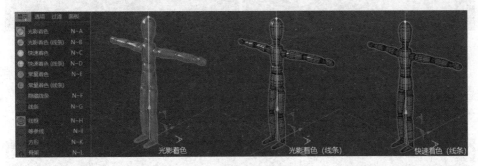

图 1-9

1.2.3　工具栏

（1）选择、移动、缩放、旋转工具（图 1-10）。

①选择工具：

实时选择（快捷键数字 9）：点击并拖动鼠标选择元素；按住 Shift 键增加选择对象，按住 Ctrl 键减少选择对象。

实时选择会出现一个圆圈，表示选择范围；按住鼠标中键向上拖动（或往右），圆圈放大；按住鼠标中键向下拖动（或往左），圆圈缩小。

图 1-10

框选（快捷键数字 0）：点击并拖动鼠标框选元素；按住 Shift 键增加选择对象，按住 Ctrl 键减少选择对象。

套索选择（快捷键数字 8）：点击并拖动鼠标套索选择元素；按住 Shift 键增加选区，按住 Ctrl 键减少选区。

多边形选择：点击多次定义多边形外框，点击起点完成动作；按住 Shift 键增加选择对象，按住 Ctrl 键减少选择对象。

全选是快捷键 Ctrl+A，取消选择是快捷键 Shift+Ctrl+A，U、I 是反向选择。

② 移动工具快捷键为 E。

③ 缩放工具快捷键为 T。

④ 旋转工具快捷键为 R。

（2）全局 / 对象坐标系统。全局 / 对象 坐标系统可以用快捷键 W 来切换。

全局坐标系统：各轴向不会变化，Y 轴永远向上；对象坐标系统：坐标轴在模型的中心，坐标轴随着模型的旋转或移动进行变化。图 1-11 所示为模型分别在全局坐标系统和对象坐标系统下进行移动、旋转后的效果。

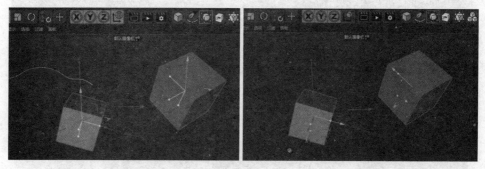

图 1-11

（3）参数模型。在工具栏中，选项里直接生成的模型就是参数模型，模型在属性窗口的各种参数可调，如果模型的坐标轴上有黄色的圆点，表示这里可以调整，如图 1-12 所示。

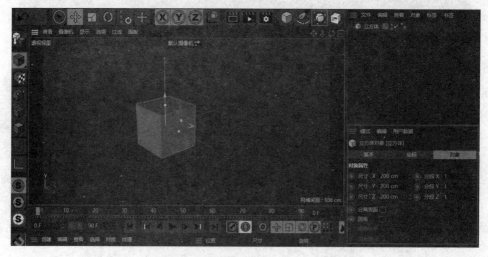

图 1-12

参数模型调整

选择参数模型，单击左侧的  按钮或按快捷键 C，即可将模型转换成可编辑对象，这种情况下，属性窗口的"对象"等参数将会消失，如图 1-13 所示。

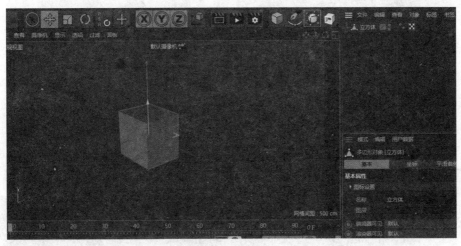

图 1-13

小贴士 将模型变成可编辑对象后，就可以对其进行点、线、面的操作了。

（4）样条。样条工具中黄色按钮是钢笔类样条，这些工具绘制的样条可以直接编辑点，其他蓝色按钮绘制的是参数化样条，无法直接编辑，需要转化为可编辑对象（按快捷键 C）后，才可以编辑点；样条线是有颜色的，是从白→蓝的渐变颜色，白色代表起点，蓝色代表终点，如图 1-14 所示。

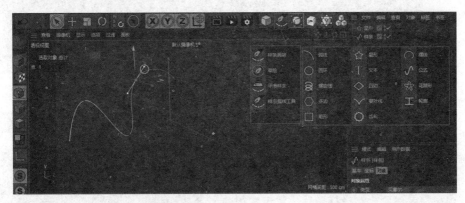

图 1-14

小贴士 运用"样条画笔"工具绘制样条时，如果想结束绘制，可以按键盘上的 Esc 键。

（5）生成器。工具栏中 按钮下的选项，如图 1-15 所示，都可以作为生成器，生成器需要作为父级使用，按住 Alt 键单击生成器按钮可以直接将生成器添加为父级。

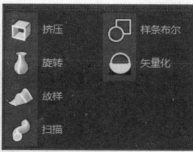

图 1-15

①挤压。挤压可以给样条创建厚度，形成模型。如图 1-16 所示，挤压作为父级，花瓣形样条作为子级，执行"挤压"→"对象"→"偏移"命令，设偏移值为"100 cm"，偏移数值决定挤压的厚度。

挤压生成器

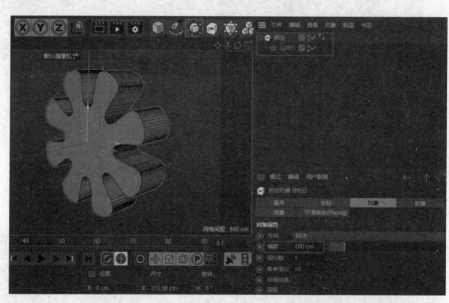

图 1-16

②旋转。在旋转生成器下，样条以 Y 轴为中心旋转形成模型。在视图窗口，单击鼠标中键，选择正视图，选择"样条画笔"工具 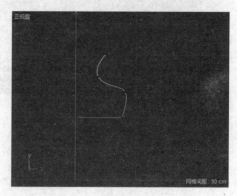，绘制图 1-17 所示的曲线。

模型需要厚度，选择样条后，单击左侧的 按钮，进入点模式，单击鼠标右键，选择"创建轮廓"选项，在属性窗口中单击"应用"按钮，样条形成了一个轮廓，如图 1-18 所示。

图 1-17

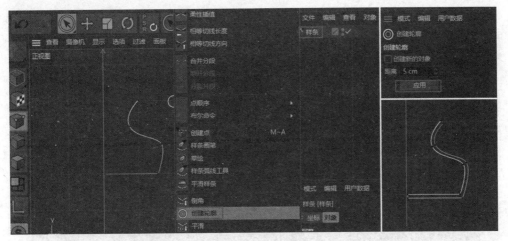

图 1-18

添加旋转生成器，将样条放置在旋转生成器的子级，一个简单的物体就生成了，如图 1-19 所示。

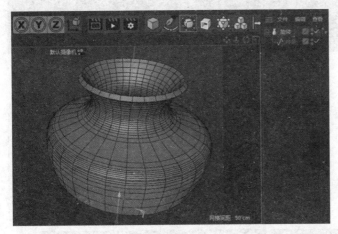

旋转生成器

图 1-19

③扫描。扫描生成器的运用极其广泛，特别是做一些特殊线条。在工具栏单击  按钮，再单击花瓣形和圆环，绘制花瓣形和圆环两个样条，圆环样条在上，将圆环样条的半径设为"10 cm"，如图 1-20 所示。

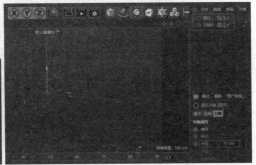

图 1-20

在工具栏单击 按钮，在选项中选择 选项，添加扫描生成器，生成一个扫描模型，如图 1-21 所示。

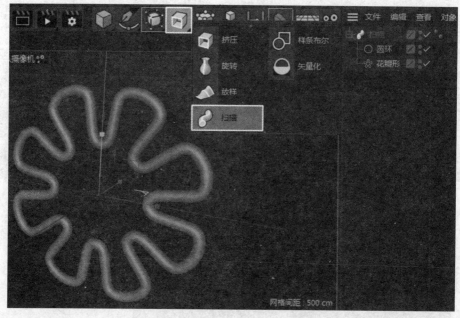

图 1-21

小贴士　扫描生成器只识别子集的第一、二个曲线；第一个是截面，第二个是路径；顺序不同，生成的模型也不同。

（6）变形器。工具栏中 按钮下的选项，如图 1-22 所示，它们组成变形工具组，这些工具需要在物体的下一个层级。

扫描生成器

图 1-22

①扭曲。创建一个立方体，修改对象参数，如图 1-23 所示，分段数要设置得大一些。

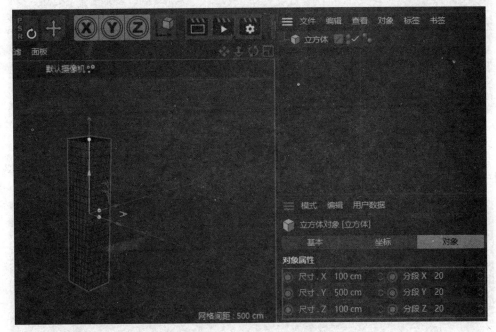

图 1-23

将扭曲变形器放置到立方体下方，作为子级，在扭曲变形的"对象属性"中，单击"匹配到父级"按钮，变形器的大小和模型匹配；将"强度"设为"90°"，如图 1-24 所示，立方体受到扭曲变形器的影响发生扭曲。

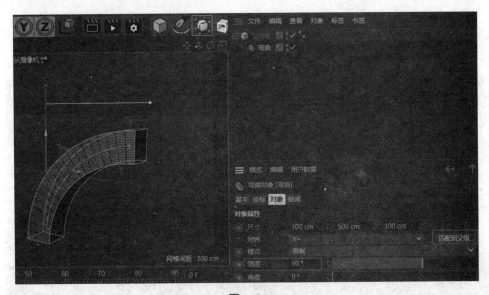

图 1-24

②样条约束。单击工具栏选项里的 圆柱体 螺旋线 按钮，新建一个圆柱体和螺旋线，在属性窗口设置参数，如图 1-25 所示。

图 1-25

单击变形器选项里的 [样条约束] 按钮，添加样条约束变形器，将轴向设为"+Y"，与圆柱体的轴向同一方向，如图 1-26 所示。

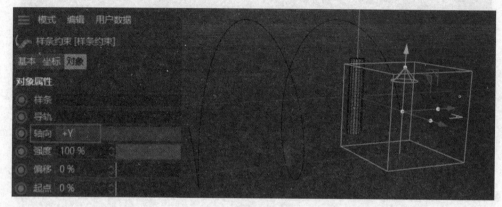

图 1-26

将样条约束变形器拖曳到圆柱体下方，作为圆柱体的子级，执行"对象"→"样条"命令，将螺旋线拖曳过来，圆柱体就会在样条约束作用下沿螺旋线伸展，如图 1-27 所示。

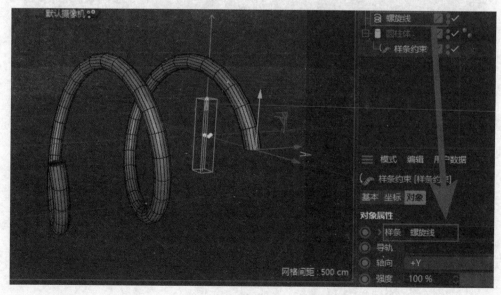

图 1-27

样条约束

🌿小贴士 将圆柱体和样条约束打组（Alt+G），也可以让样条约束起作用。

（7）运动图形。C4D 的运动图形模块非常强大，是其他三维软件无法比拟的。C4D 的运动图形是作为父级来使用的，效果器经常配合运动图形使用，以达到一些特殊的效果。克隆、破碎等运动图形图标为绿色，作为父级；简易、延迟、随机等效果器的图标为蓝色，作为子级，如图 1-28 所示。

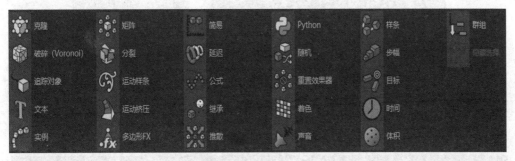

图 1-28

🌿小贴士 C4D 的运动图形配合效果器，是软件的特色和亮点，使用其他软件可能要花费很长时间完成的三维动效，在 C4D 中可能很简单就能做到。

①克隆。克隆的作用是将一个物体复制多个，以不同的模式进行排列。

创建球体，半径设为"30 cm"，在菜单栏执行"运动图形"→"克隆"命令，添加克隆运动图形，将球体作为子级放置克隆的下方，在"对象属性"面板中可以看到 5 种模式，分别是对象、线性、放射、网格排列和蜂窝阵列，如图 1-29 所示。

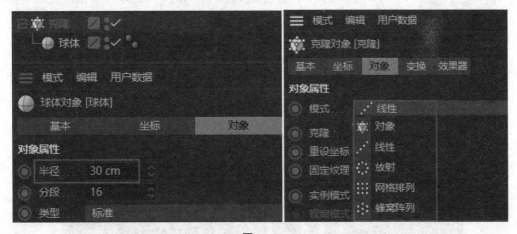

图 1-29

在工具栏中单击 ▧ 按钮，添加宝石体，执行"克隆"→"对象"命令，将模式设为"对象"，再将宝石体拖曳到对象的空白栏，同时将分布改为"顶点"，如图 1-30 所示，克隆的球体会沿着宝石体的顶点分布。

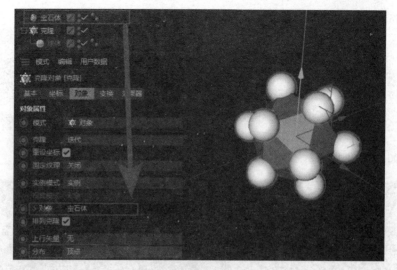

图 1-30

克隆的其他模式如图 1-31 所示。

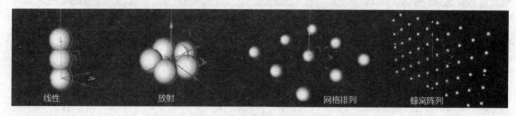

图 1-31

②文本。运动图形菜单栏下 ⊤ 文本 和样条画笔选项下 ⊤ 文本 都可以制作文本，它们的区别在于，运动图形中的文本可以直接作为运动图形使用，而且能添加效果器；样条中的文字不能这样使用，样条中的文本配合挤压出来的效果与运动图形的文本是一样的，基本属性也一样。

在运动图形菜单栏单击 ⊤ 文本 按钮，修改"对象属性"下的文本参数，如图 1-32 所示。

文本

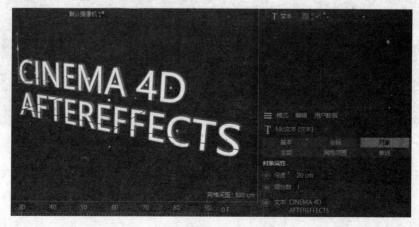

图 1-32

在对象窗口中选择文本，然后在"运动图形"→"效果器"菜单栏单击 随机 按钮，就会将随机效果器添加到文本运动图形，如图 1-33 所示，字母的位置随机进行移动。

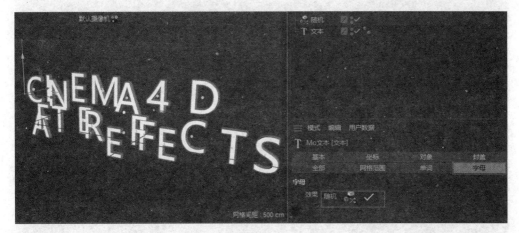

图 1-33

③矩阵。矩阵是一个比较抽象的运动图形，在运动图形菜单栏单击 矩阵 按钮，它在视图中显示为网格排列的小正方体，如图 1-34 所示，但是无法被直接渲染出来。它和克隆对象配合使用的频率比较高，通过克隆可将矩阵实体化。

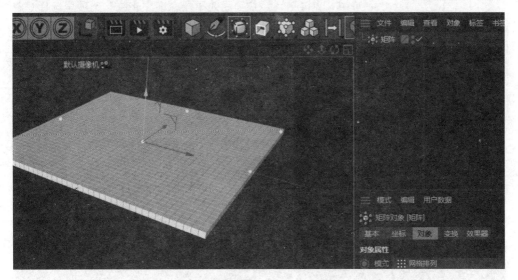

图 1-34

创建一个立方体，将尺寸设为"10 cm"，为立方体添加克隆父级，将克隆的模式改为对象，然后将矩阵作为克隆对象的链接对象，立方体会被克隆的对象所覆盖，如图 1-35 所示。

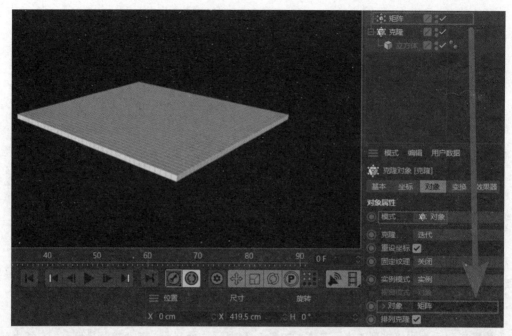

图 1-35

矩阵

选中"克隆",添加简易效果器,在"衰减"选项里选择"着色器域",添加一个作用域,域是控制效果器的作用范围的,执行"着色器域"→"域"→"着色器"命令,选择一张黑白笑脸图像,如图 1-36 所示,克隆的矩阵中就会出现一张笑脸,如图 1-37 所示,图像中黑色的小立方体会下移,这是着色器域和矩阵共同作用的效果。

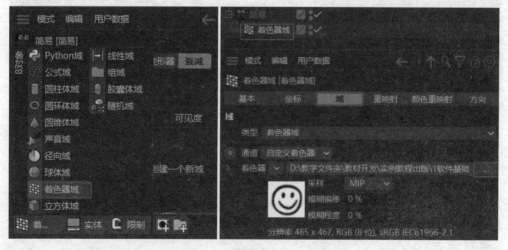

图 1-36

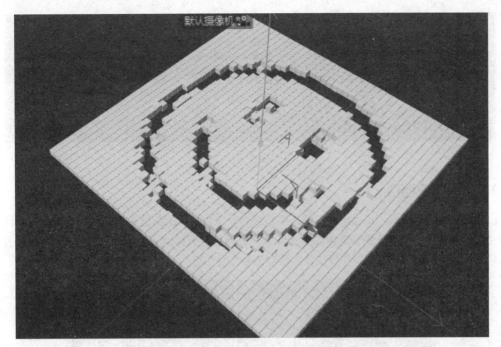

图 1-37

1.2.4　编辑栏

编辑栏包含模型、纹理、点、线、面等多种编辑模式，创建的参数模型自动处于模型模式，如图 1-38 所示。

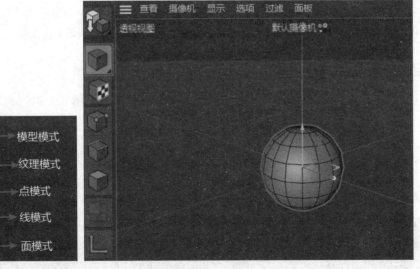

图 1-38

只有在参数模型变成可编辑对象（单击 按钮或按快捷键 C）时，点、线、面模式才可以使用，如图 1-39 所示。

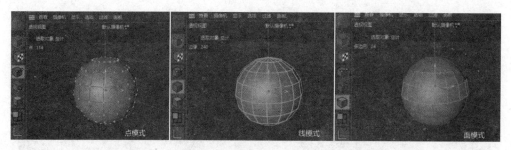

图 1-39

1.2.5 对象窗口

如图 1-40 所示，在对象窗口中，生成器——细分曲面的图标是绿色，代表父级，弯曲变形器是蓝色，代表子级；球体域是蓝紫色，蓝紫色是蓝色的子级；绿色小钩 ☑ 代表是否起作用；单击鼠标中键可以选择该级的所有元素（含子级）。

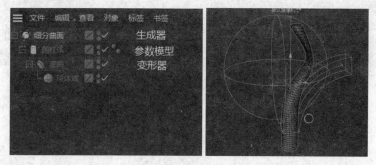

图 1-40

🌱 小贴士   物体隐藏与显示：每个物体在列表后面都有两个小点 ▋，上面代表视窗中，下面代表渲染中；小点默认为灰色，绿色是强制显示，红色是强制隐藏。

1.2.6 渲染

工具栏提供了两种渲染工具：一种是"渲染活动视图"工具 ▣（快捷键为 Ctrl + R），另一种是"渲染到图片查看器"工具 ▶（快捷键为 Shift + R）。

单击工具栏的"渲染活动视图"按钮，会在视口中直接显示渲染效果，如图 1-41 左图所示。单击渲染视口，渲染效果随即消失，并切换为普通场景状态。

单击工具栏的"渲染到图片查看器"按钮，会弹出"图片查看器"面板，并显示渲染效果，如图 1-41 右图所示。

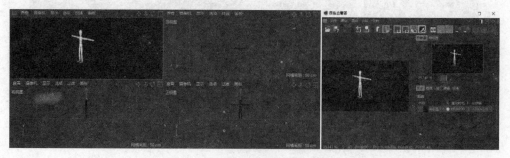

图 1-41

单击工具栏的"编辑渲染设置"按钮 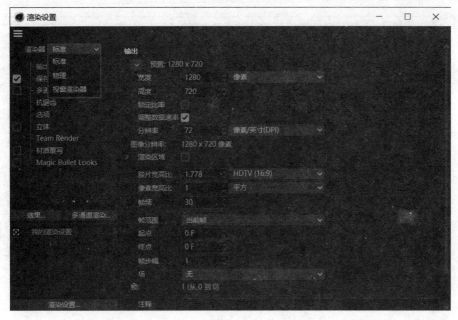（快捷键为 Ctrl + B），打开"渲染设置"面板，在该面板的左上角会显示当前使用的渲染器类型，如图 1-42 所示。

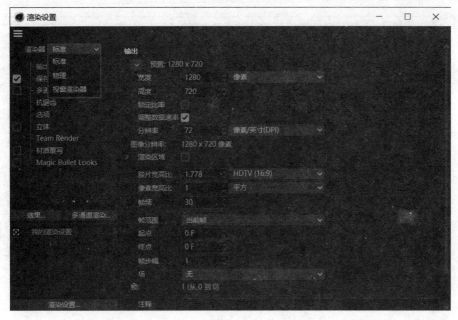

图 1-42

标准：C4D 默认的渲染器，可以满足大部分场景的渲染。

物理：除"标准"渲染器的功能外，还可以渲染景深和运动模糊效果。

1.3

认识 After Effects

After Effects，简称 AE，是 Adobe 公司推出的一款图形视频处理软件，适用于从事设计和视频特技的机构，包括电视台、动画制作公司、个人后期制作工作室及多媒体工作室，属于层类型后期软件。

After Effects 同样具有 Adobe 软件优秀的相互兼容性。在 AE 中可以非常方便地调入 Photoshop、Illustrator 的层文件，Premiere 的项目文件也可以与 AE 无缝链接。

1.4

After Effects 基本操作

1.4.1 界面

安装完成 After Effects 软件后，打开软件，界面如图 1-43 所示。After Effects 的界面由标题栏、菜单栏、工具栏、项目窗口、合成窗口、时间线窗口、信息窗口、预览窗口等模块组成。

图 1-43

1.4.2 项目设置和初始设置

在 After Effects 开始工作之前，我们要进行一些设置，使接下来的工作更顺利和更规范。

（1）执行"文件"→"项目设置"命令，在弹出的对话框的"时间显示样式"选项组中，将时间码默认基准设为"25"。

（2）执行"编辑"→"首选项"→"导入"命令，将"序列素材"的导入方式改为"25帧/秒"，如图 1-44 所示。

图 1-44

（3）执行"编辑"→"首选项"→"媒体和磁盘空间"命令，可以对磁盘缓存进行设置，指定一个较大的空间作为磁盘缓存。有了缓存，可以保存预演过的内容，对内容进行修改后，会仅计算新改动的内容，大大提高预演速度，也可以定期清空磁盘缓存，如图 1-45所示。

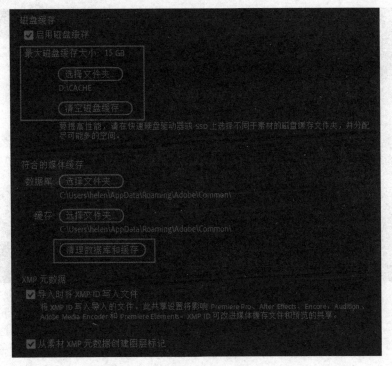

图 1-45

（4）执行"编辑"→"模板"→"渲染设置"命令，在"渲染设置模板"面板中选择"编辑"选项，在弹出的"渲染设置"对话框中将"帧速率"设为"使用此帧速率：25"，如图 1-46 所示。

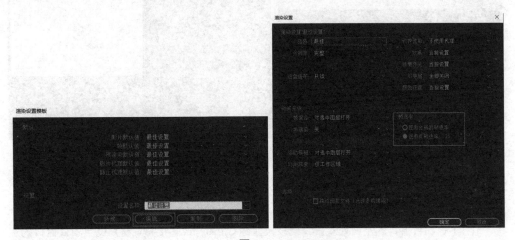

图 1-46

1.4.3 合成和预合成

（1）在 After Effects 中要进行后期制作，首先要建立一个合成。在合成里，可以将各种素材组合在一起，进行艺术加工。执行"合成"→"创建合成"命令，或按快捷键 Ctrl+N，或单击项目窗口中的 ▧ 按钮，都可以创建一个合成，如图 1-47 所示。

图 1-47

（2）执行"图层"→"预合成"命令或按快捷键 Ctrl+Shift+C，可以将素材进行预合成，如图 1-48 所示，将 1.psd 和 2.png 两个素材进行预合成，这样，修改预合成 LOGO，1.psd 和 2.png 两个素材就会被同时修改，提高效率；如果图层太多，可将一些图层合并为预合成，优化时间线的显示。

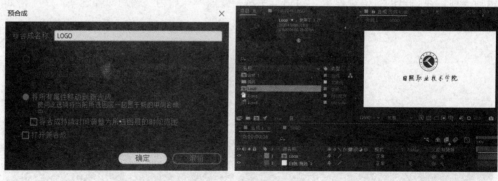

图 1-48

1.4.4　素材导入和层属性

（1）在项目窗口的空白处双击，或按快捷键 Ctrl+I，或直接将素材拖曳至项目窗口的空白处都可以将一个素材导入，如图 1-49 所示。

（2）导入的素材可以直接拖曳至时间线上，单击素材下方"变换"左侧的 ▶ 按钮，可以打开属性选项，如图 1-50 所示；可以修改素材的某个属性，每个属性都有快捷键，锚点（A）、位置（P）、缩放（S）、旋转（R）、不透明度（T），如果想同时显示多个属性，可以按快捷键 Shift 加选属性。

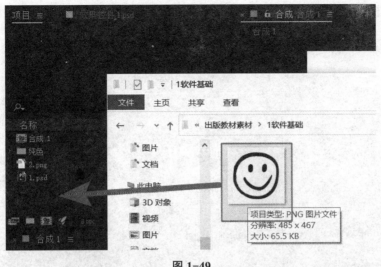

图 1-49

图 1-50

1.4.5　固态层和调整图层

（1）固态层相当于一张纸，可以在这张纸上添加效果和进行设计，固态层常用于创建特效、填充色彩等，它的颜色可调整。按快捷键 Ctrl+Y 或在时间线窗口的空白处单击鼠标右键选择纯色（固态层），都可以新建一个固态层，弹出"纯色设置"窗口，如图 1-51 所示。

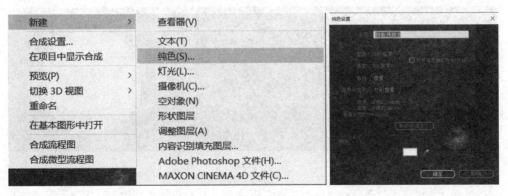

图 1-51

（2）按快捷键 Ctrl+Alt+Y 或在时间线窗口的空白处单击鼠标右键选择调整图层，都可以新建一个调整图层；调整图层控制下方的所有图层，而对它上方的图层没有作用。如图 1-52 所示，调整图层中的浮雕特效作用在下方的两个文字图层。

图 1-52

1.4.6 遮罩和形状图层

（1）选中图层，运用工具栏中 或 工具绘制的闭合曲线就是遮罩，如图 1-53 所示，只显示闭合曲线内的图像。

图 1-53

如果在绘制曲线之前没有选中图层，那么绘制就是形状图层，如图 1-54 所示。

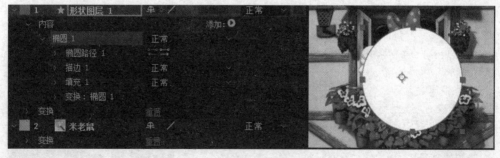

图 1-54

（2）PS 和遮罩。在 Photoshop（简称 PS）中，用自带的形状绘制一个路径，按快捷键 Ctrl+C 进行复制，如图 1-55 所示。

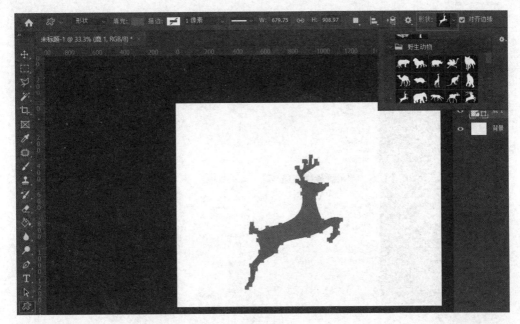

图 1-55

回到 After Effects 软件，选中图层"米老鼠"，按快捷键 Ctrl+V 进行粘贴，即将 PS 中的路径复制到 AE，双击路径，放大并移动到合适的位置，如图 1-56 所示，只显示闭合遮罩内的图像。

遮罩和形状图层

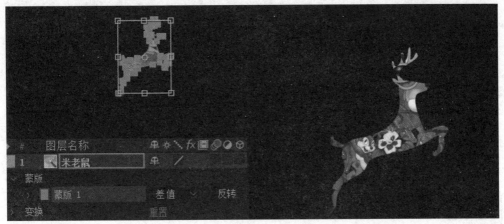

图 1-56

1.4.7　特效

特效是 After Effects 软件的重要组成部分，它应用于合成中的图层，选择要添加特效的图层，在"效果控件"窗口单击鼠标右键，弹出特效选项，如图 1-57 所示，可以选择添加合适的特效，特效按照添加的先后顺序进行渲染。

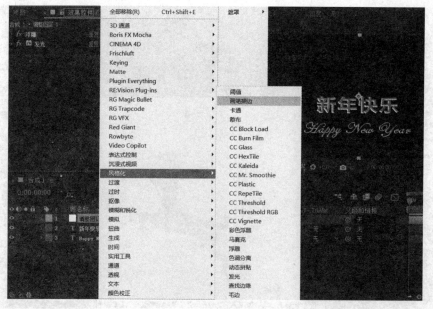

图 1-57

1.5 项目总结

通过本项目的学习，我们对 Cinema 4D 和 After Effects 软件有了初步认识，熟悉了软件界面和基本设置及简单操作。从下个项目开始，将结合项目案例由简入繁地学习 Cinema 4D 和 After Effects 的工具命令，以及两个软件如何进行配合。

我们在影视剧、电商海报、产品演示、游戏宣传、婚庆行业、宣传片等都能看到 Cinema 4D 和 After Effects 软件的影子，它们的应用日益广泛。技术给作品创意带来了更丰富的视觉表现，给人们带来了美的享受，好的作品都是源于制作者对艺术的不懈追求。希望我们通过学习，有一天能成为生产这些美的作品的设计者和制作者，这需要坚持不懈地学习，学习技术，学习方法，给自己影视制作事业做铺垫，成长为一名有高尚职业操守、技术过硬的数字创意设计人才，成为"德智体美劳全面发展的社会主义建设者和接班人"。

1.6 课后测试

课后测试

1.7 任务绩效考核

任务绩效考核表

任务名称	软件基础		学时	4	班级	
学员姓名			实训场地		任务成绩	
学习任务			掌握 Cinema 4D 和 After Effects 软件基础操作			
考核项目	考核内容	分值	指标说明	自评分（40%）	考评分（60%）	得分
工作业绩	软件安装	10	能正确安装 Cinema 4D 和 After Effects 软件			
	软件界面	5	能调整 Cinema 4D 和 After Effects 软件的工作界面			
	C4D 基础操作	20	能掌握参数模型，挤压、选择、扫描等生成器，扭曲、样条约束等变形器，克隆、文本、矩阵等运动图像的基本操作			
	AE 基础操作	20	能进行软件的初始化；能导入素材；能掌握固态层、遮罩图层、调整图层的创建和使用及特效添加			
工作业绩总分		55	工作业绩得分			
考核项目	考核内容	分值	指标说明	自评分（40%）	考评分（60%）	得分
工作表现	对职业有正确认识	10	对专业有客观的认识，对自己的职业发展有初步的规划			
	创新能力	5	取长补短，多角度、全方位思考问题；能在制作视频中运用相关知识点，创作出理想的作品			
	执行力	10	严格、高效地完成任务，及时提交作业，延迟提交的扣 10 分			
	协调沟通	5	能及时、主动进行沟通协调，能充分、积极地配合其他员工进行工作			
	责任心	5	专注、严谨细致，有耐心、责任感，工作态度不认真扣 3 分，因个人原因造成小组不能如期完成作业的扣 5 分			
	团队配合度	5	守规矩、讲原则、团队协作，无故不服从组长调度扣 5 分			
	遵守纪律	5	迟到、早退情况，每迟到一次扣 1 分，无故缺勤扣 5 分			
工作表现总分		45	工作表现得分			

续表

评语		考核 总得分	

学习体会	
制作中遇到的问题	解决方法

模块 2
基础案例

项目 2 | 魔幻圣诞树

2.1 项目展示

魔幻圣诞树

思维导图

2.2 项目分析

　　商家在圣诞、元旦双节商业宣传视频中，希望运用圣诞树等元素烘托出节日气氛，在设计时，通过小球沿路径汇集、运动、散落，展示出圣诞树的形状；球体是常用的视频设计元素，小球的多样化材质和暖色的背景设定都能烘托节日气氛，既温馨又活泼。其制作过程中用到了发射器、运动图形、效果器等内容，还涉及常用的灰猩猩插件的使用，这些都是视频包装设计中的常用技巧。

学习要求	知识点 \ 学习目标	了解	应用	重点知识
	螺旋线制作		⭐	
	对象克隆		⭐	⭐
	随机效果器		⭐	
	发射器参数设置		⭐	
	灰猩猩插件的安装和使用		⭐	⭐
	动力学		⭐	⭐
	分层渲染	⭐	⭐	

2.3 项目实施

2.3.1 树形建立

（1）打开 C4D 软件，在素材文件夹中打开"圣诞树源素材"文件，按快捷键 Ctrl+D 打开工程设置窗口，设置帧率为"25"，最大时长为 150 F；按快捷键 Ctrl+B 打开渲染设置窗口，在输出选项中，设置项目大小为 1 920×1 080，将输出的帧频改为"25"，设置如图 2-1 所示。

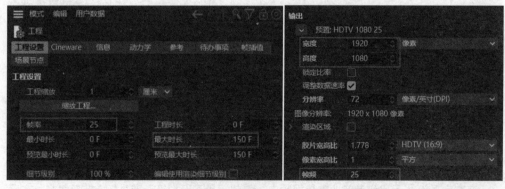

图 2-1

🔥小贴士 画面都有"宽""高"两个参数，1 920 是宽度的分辨率，1 080 是高度的分辨率。

8K：物理分辨率为 7 680×4 320；

4K/UHD/超高清：物理分辨率为 3 840×2 160；

2K：物理分辨率为 2 048×1 080；

FHD/全高清：物理分辨率为 1 920×1 080；

HD/高清：物理分辨率为 1 280×720。

（2）在对象窗口选择"球"素材下的 Sphere 选项，在属性窗口修改"对象"选项下的"分段"数值为 30，使球体圆滑，如图 2-2 所示。

图 2-2

（3）单击工具栏 下列菜单下的 螺旋线 按钮，添加螺旋线，在对象窗口修改平面为"XZ"，使螺旋线竖向，如图 2-3 所示。

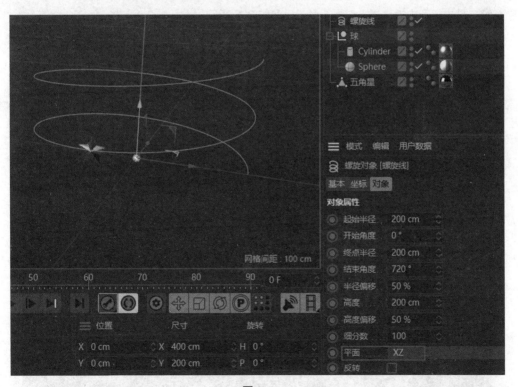

图 2-3

（4）调整螺旋线对象参数，使其呈现树形形状，如图 2-4 所示。

螺旋线参数调整

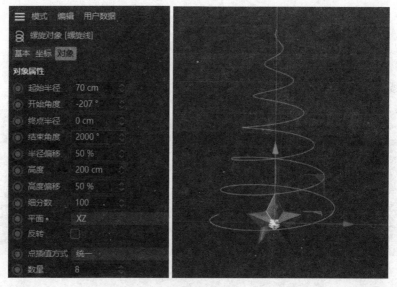

图 2-4

（5）添加摄像机，单击 ▦ 按钮呈高亮显示，进入摄像机状态，将坐标全部归零，在视窗窗口单击鼠标中键，进入四视图显示，如图 2-5 所示。

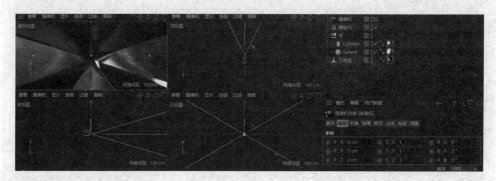

图 2-5

小贴士 鼠标右键单击属性按钮 ▦ 的向上箭头，可以将属性的数值归零。

（6）在四视图中移动摄像机到合适的位置，如图 2-6 所示。

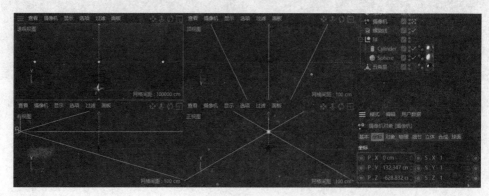

图 2-6

（7）选中摄像机，单击鼠标右键，在"装配标签"中选择"保护"选项，保护摄像机的参数不被修改，如图 2-7 所示。

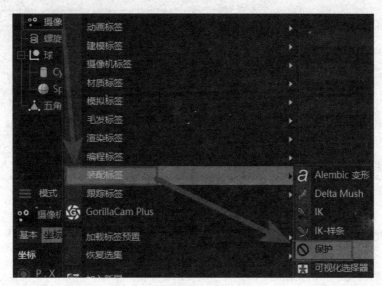

图 2-7

小贴士　在 0 帧单击 ⊙ 按钮可记录关键帧，也可以保护摄像机的状态。

2.3.2　运动效果——发射器设置

（1）执行"模拟"→"粒子"→"发射器"命令，添加并选中发射器，单击鼠标右键，在"动画标签"中选择"对齐曲线"，单击"对齐曲线"标签，选择螺旋线，按住鼠标左键拖曳螺旋线到"曲线路径"，使发射器和螺旋线对齐，如图 2-8 所示。

图 2-8

（2）选择"发射器"→"标签"中的"位置"参数，在 0 帧，设为 0，然后单击"位置"参数前面的关键帧记录按钮 ⊙，该按钮变成实心红色 ⊙，在时间线上，当前帧会出现一个小方块，变成关键帧；在 100 帧，设为 100，这时单击空心的按钮 ⊙，该按钮变成实心后，形成另一个关键帧，两个关键帧数值变换就会形成动画，发射器沿螺旋线自下而上运动；勾选"切线"，让发射器的运动方向与螺旋线方向一致，如图 2-9 所示。

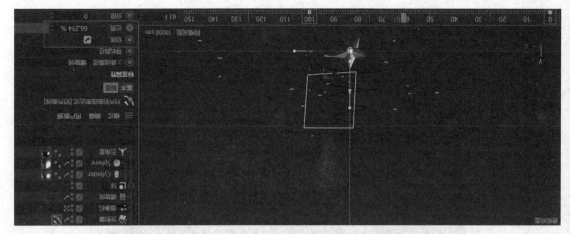

图 2-9

小贴士 ◉ 黑色圆圈——默认，无动画轨迹，无关键帧状态。

◉ 实心红色——有动画轨迹，当前帧位置有关键帧；

◉ 红色圆圈——有动画轨迹，当前帧位置无关键帧；

◉ 黄色圆圈——有动画轨迹，但无关键帧；

◉ 实心黄色——有动画轨迹，当前帧位置有关键帧，数值有变动（如不进行记录关键帧操作，这些修改会丢失）。

可以选中多个参数同时记录关键帧；按 Shift+ 鼠标左键是清除当前关键帧；按 Shift+ Ctrl+ 鼠标左键可以清除关键帧轨迹。

（3）选择"发射器"→"发射器"选项，将"水平尺寸"和"垂直尺寸"都改为"1 cm"；执行"发射器"→"粒子"命令，将"速度"设为"0 cm"，粒子将聚集在螺旋线上，增加粒子数，将"编辑器生成比率"和"渲染器生成比率"都改为"200"，如图 2-10 所示。

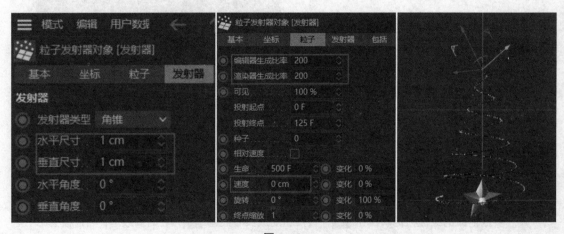

图 2-10

（4）使用"克隆"，将小球替换粒子，选择"运动图形"菜单下的"克隆"选项，将球拖曳给"克隆"，如图 2-11 所示。

图 2-11

小贴士　在 C4D 中，运动图形、效果器等命令如果图标为绿色，则为父级；如果图标为蓝色，则为子级。

（5）执行"克隆"→"对象"命令，将对象属性下的"模式"改为"对象"，并将"发射器"拖曳给"对象"，螺旋线上的粒子变成了小球，如图 2-12 所示。

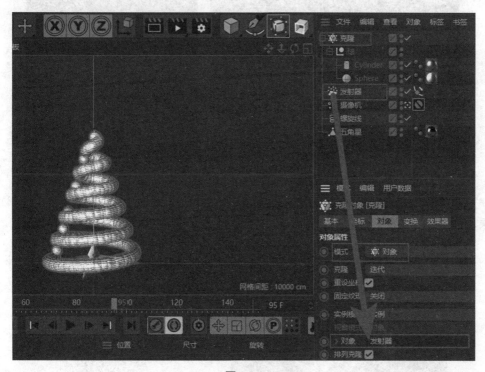

图 2-12

2.3.3　运动效果——动力学设置

（1）添加动力学，解决小球穿模问题。选中"克隆"，单击鼠标右键，执行"模拟标签"→"刚体"命令，给克隆的小球添加动力学，如图 2-13 所示。

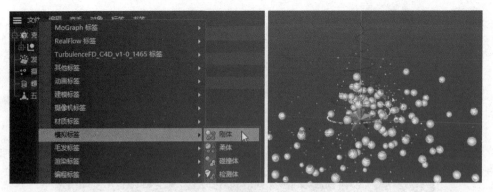

图 2-13

（2）由于小球之间有重叠，小球会炸开，开启位移跟随，可以解决此问题。选中"刚体"标签，将"力"→"跟随位移"的数值设为"10"（图 2-14），小球受到力的影响，聚集在螺旋线上，如图 2-15 所示。

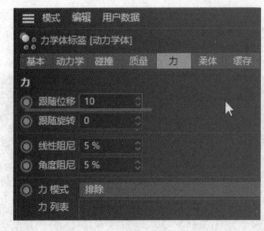

图 2-14

图 2-15

（3）修改粒子发射的可见度或减少生成率，使粒子发射先多后少的效果呈现树形效果，如图 2-16 所示。

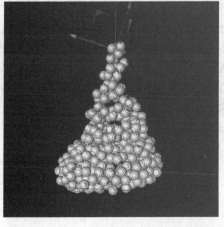

图 2-16

小球树形效果

（4）小球有提前发射问题，可提高粒子发射的"投射起点"，将其设为"5 F"，粒子从螺旋线起点发射；修改旋转参数为"360°"，小球在发射后有旋转效果，增加动感，如图 2-17 所示。

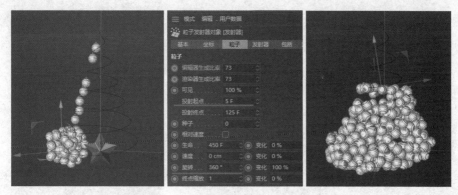

图 2-17

（5）使用随机效果器，使小球大小不一。选中克隆，执行"运动图形"→"效果器"→"随机"命令，在克隆的效果器属性中查看是否添加了随机效果器，如图 2-18 所示。

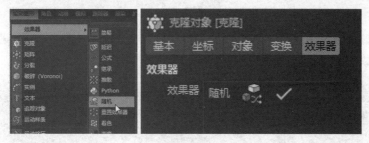

图 2-18

🌱 小贴士　先执行"运动图形"→"效果器"→"随机"命令，添加随机效果器，然后将随机效果器拖曳到克隆的效果器属性里，也可为克隆添加随机效果器。

（6）执行"随机效果器"→"参数"命令，勾选"缩放"和"等比缩放"，将数值设为"0.5"，小球会呈现大小的随机变换，效果如图 2-19 所示。

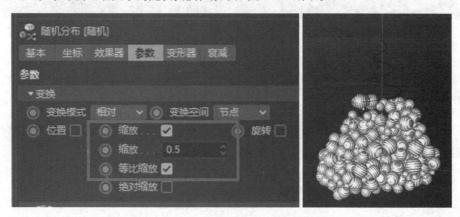

图 2-19

（7）添加平面，将水平和垂直分段都设为 1，将平面放大，模拟地面效果，如图 2-20 所示。

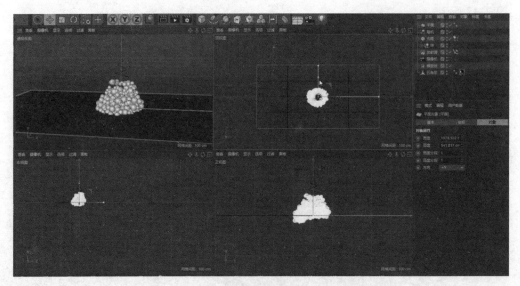

图 2-20

（8）选择平面，单击鼠标右键执行"模拟标签"→"碰撞体"命令，将其设为碰撞体，将"反弹"数值设为 50%，如图 2-21 所示。

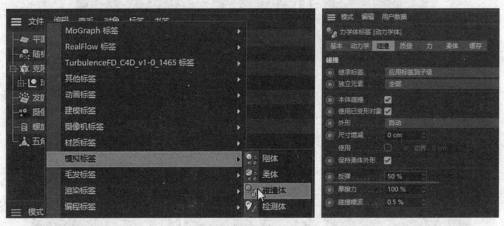

图 2-21

小贴士　刚体就是动态的固体，受重力影响；碰撞体是被碰撞而不动的物体，只产生反作用，如地面。

（9）选择克隆的"刚体"标签，将"反弹"数值设为 20%，小球和地面就有了动力学交互效果，小球的动画主体基本完成，如图 2-22 所示。

图 2-22

2.3.4　运动效果——飞出的小球

前面小球聚集在螺旋线上是因为有跟随位移的作用，如果将跟随位移去掉，小球就会飞出去，顺着这个思路，我们进行下面的制作。

飞出小球制作

（1）复制克隆和发射器，将发射器1拖曳给"克隆1"→"对象"属性中的对象选项，如图 2-23 所示。

（2）飞出的小球是少部分的，所以，降低"发射器1"的生成率，将"编辑器生成比率"和"渲染器生成比率"降为20；调整动力学参数，将跟随位移降低为0.1，飞出的小球就制作完成了，如图 2-24 所示。

（3）制作五角星动画，在 79 F，小球动画快要完成时，五角星开始动画，将五角星移动到合适的位置，给 Y 轴添加关键

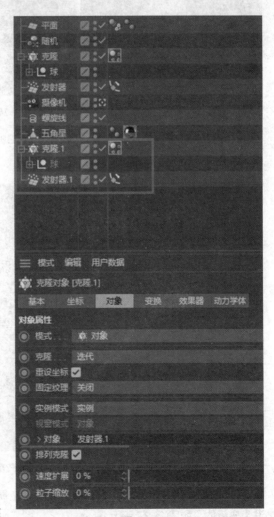

图 2-23

帧，如图 2-25 所示。

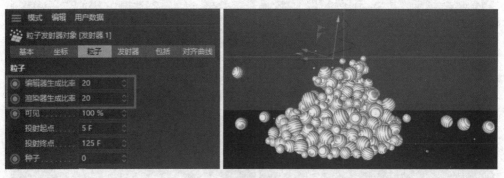

图 2-24

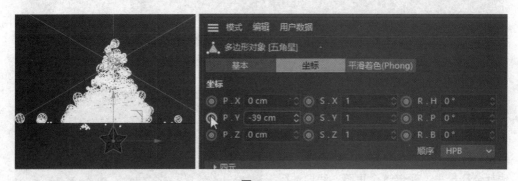

图 2-25

（4）在 91 F，修改五角星 Y 轴坐标为 238，添加第二个关键帧，五角星从下而上出现，如图 2-26 所示。

图 2-26

（5）五角星在上升过程中，与小球没有碰撞交互，要为五角星添加动力学，将五角星设为碰撞体，如图 2-27 所示。

图 2-27

（6）现在五角星上升到指定位置后是不动的，运动效果呆板，因此，要为五角星添加一个"颤动"效果器，让动画活泼起来，修改颤动的强度为 70%，如图 2-28 所示。

图 2-28

🔥小贴士　"颤动"效果器是蓝色图标，所以要作为五角星的子级。五角星在上升过程中如果和小球有穿模，修改小球的碰撞体"外形"为自动。

2.3.5　材质灯光设置

（1）在材质窗口复制绿色材质，在"颜色"→"渐变"属性中，修改颜色为红色，依次复制多个颜色的材质，如图 2-29 所示。

图 2-29

小贴士　按 Ctrl+ 鼠标左键选中材质球，拖曳，复制该材质。

（2）选中"克隆"子级的小球，复制多个，将新的材质依次赋给复制的小球；同样的操作，将"克隆 1"子级的小球赋多个材质，如图 2-30 所示。

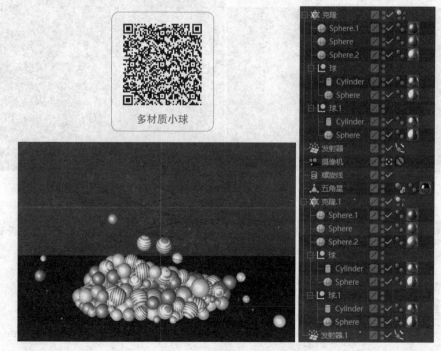

图 2-30

（3）添加背景：切换到内容浏览器，双击"GSG_Light_Kit_Pro"，找到"_Studios"灯光预设，双击进入预设选项，如图 2-31 所示。

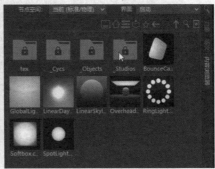

图 2-31

小贴士　Light Kit Pro 是 Cinema 4D 的专业灯光照明预设工具，由 GSG 开发，内设多种灯光类型预设，操作方便简单，是创建灯光很好的工具。灰猩猩 C4D 灯光预设 GSG Light Kit Pro 安装方法：把 GSG_Light_Kit_Pro.lib4d 放入 X:\Program Files\Maxon Cinema 4D R23\library\ browser。X 为安装位置所在的盘符。

把压缩包里的贴图文件夹"GSGTextures"放入 C4D 的根目录下的 tex 文件夹，如果 C4D 的根目录下没有 tex 文件夹，则需要手动创建。

（4）选择"OrangeShadow.c4d"灯光预设，双击鼠标左键，视图呈现灯光预设效果，如图 2-32 所示。

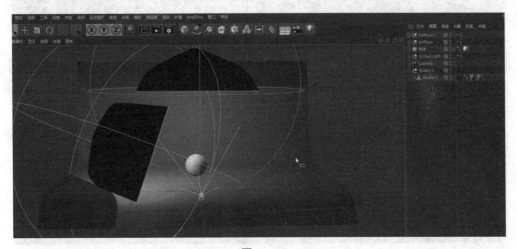

图 2-32

（5）将灰猩猩的灯光预设复制到文件中，隐藏原来的平面，效果如图 2-33 所示。

添加灯光预设

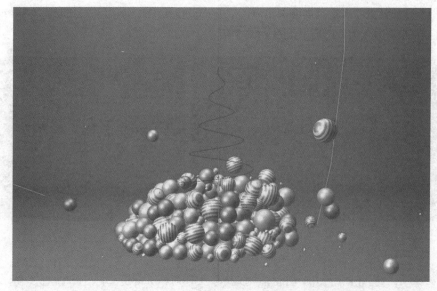

图 2-33

（6）修改背景颜色，将橙红色变为黄色，如图 2-34 所示。

图 2-34

（7）接下来进行渲染，查看一下效果。单击 按钮进行渲染设置，添加全局光照，设置文件保存位置和格式，如图 2-35 所示。

小贴士 全局光照：当光从光源发射出来后，碰到障碍物就会发生反射和折射，经过无数次的反射和折射，物体表面和角落都会有光感，像真实的自然光。它属于间接照明，缩写为 GI。

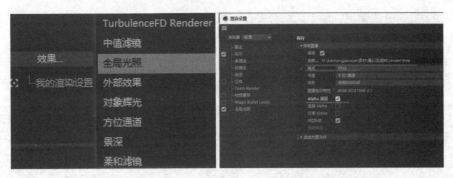

图 2-35

（8）单击 ▶ 按钮，渲染到图片查看器，发现五角星材质出现死黑现象，如图 2-36 所示。

（9）单击工具栏中 选项下的 天空 按钮，添加天空，模拟自然光照，使五角星均匀受光，解决材质死黑现象，如图 2-37 所示。

五角星材质死黑现象
解决办法

图 2-36

图 2-37

2.3.6　渲染输出

（1）在进行渲染前，要进行动力学烘焙。单击克隆的刚体动力学标签 按钮，在"缓存"选项中单击"全部烘焙"按钮，如图 2-38 所示，进行动力学烘焙。烘焙结束后，刚体动力学标签就会变成 ，可以在时间线上任意拖动查看效果。

图 2-38

（2）进行分层渲染，便于后期合成。选中"克隆"，单击鼠标右键，在弹出的菜单中执行"渲染标签"→"合成"命令，如图 2-39 所示。

（3）对合成标签进行设置。单击"对象缓存"按钮，勾选启用，设置缓存的 ID 号为"1"，如图 2-40 所示，复制"克隆"的合成标签给"克隆 1"，设置缓存的 ID 号为"2"。

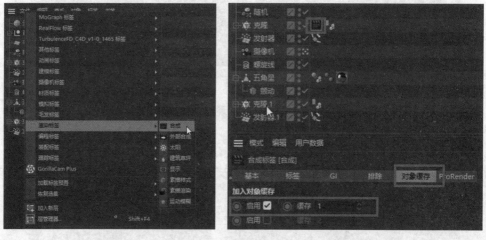

图 2-39   图 2-40

（4）按快捷键 Ctrl+B，打开渲染设置，在多通道渲染中添加对象缓存，并设置群组 ID，如图 2-41 所示。

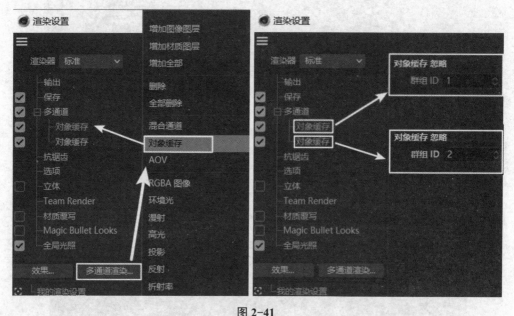

图 2-41

小贴士 设置的 ID 号要与上一步设置的 ID 号一致，这样才能正确地渲染。

（5）设置保存选项，文件格式带有 Alpha 通道等信息；因为有对象缓存，所以，还要设置多通道渲染的文件保存路径和格式，如图 2-42 所示。

图 2-42

> **小贴士** 多通道渲染尽量不要使用默认的 PSD 格式，如果深度不够，容易渲染出全黑的图片。

（6）设置输出选项，"帧范围"选择"全部帧"，如图 2-43 所示。

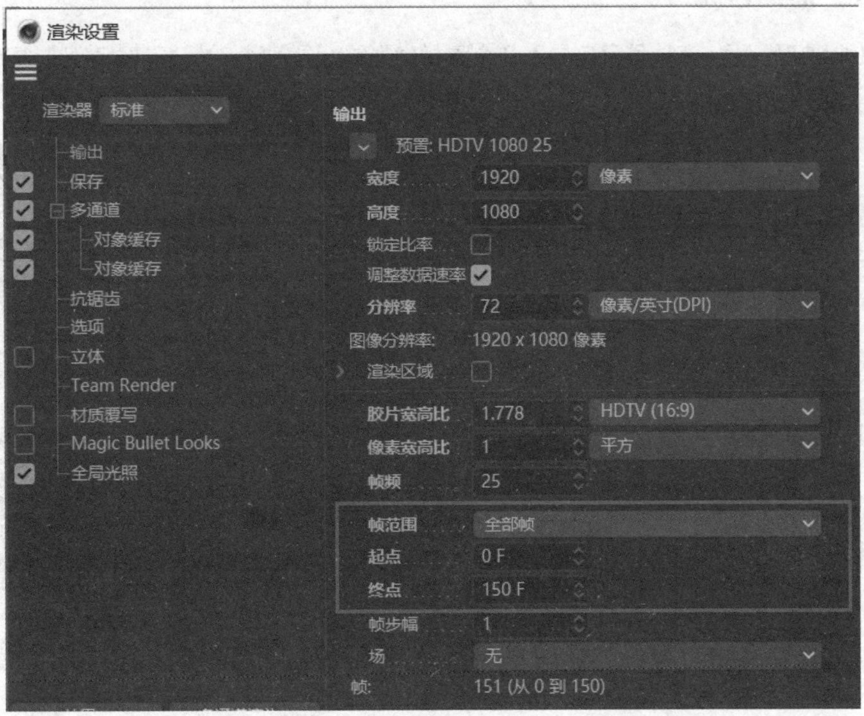

图 2-43

（7）按快捷键 Shift+R，进入图片查看器中渲染，可以看到查看器"层"→"单通道"里有对象缓存的元素，如图 2-44 所示。

图 2-44

2.3.7 后期合成

（1）打开 AE，在项目窗口导入 3 个素材序列图，导入时勾选"PNG 序列"复选框，如图 2-45 所示。

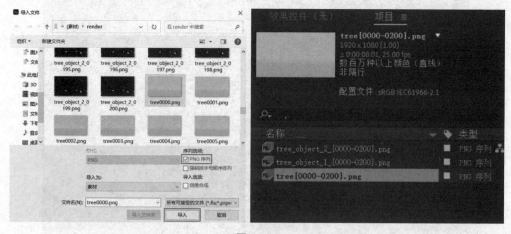

图 2-45

（2）选择"tree"素材，长按鼠标左键，拖动素材到"新建合成"按钮 ，创建一个以"tree"命名的合成，如图 2-46 所示。

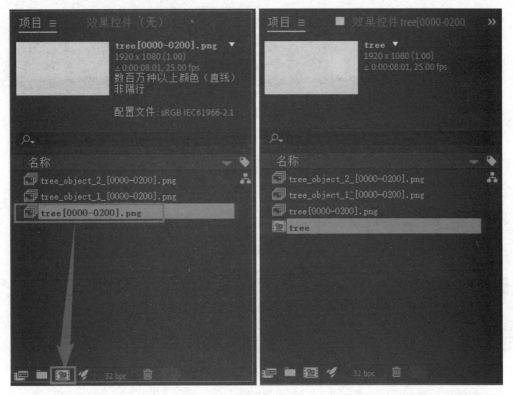

图 2-46

（3）在合成中，把缓存 1 "tree_object_1" 序列帧拖动时间线，放在 "tree" 素材上方，与 "tree" 素材进行遮罩裁切，选择 "亮度遮罩"，这样就可以单独对小球主体进行修改，如图 2-47 所示。

图 2-47

（4）重复步骤（3）操作过程，完成缓存 2 "tree_object_2" 遮罩裁切，运用遮罩裁切功能可以单独对小球主体、飞出小球进行操作，如图 2-48 所示。

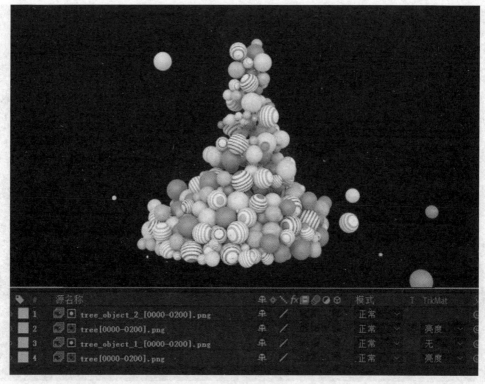

图 2-48

（5）从项目窗口再次拖曳"tree"素材到时间线窗口，放到最下方作为合成背景，在"效果"窗口单击鼠标右键，执行"模糊和锐化"→"锐化"命令，进行锐化处理，将锐化量设为"15"，增加细节，如图 2-49 所示。

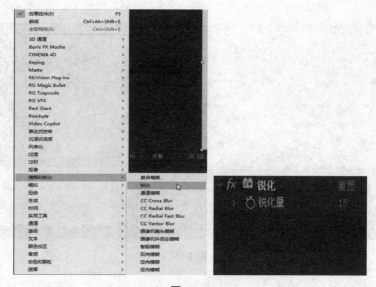

图 2-49

（6）运用"曲线"效果调整"tree"素材的亮度，如图 2-50 所示。

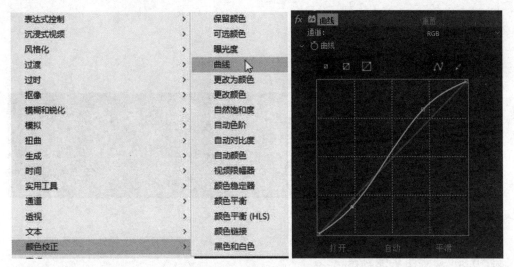

图 2-50

（7）将"曲线"和"锐化"效果复制给上面的两个"tree"素材，如图 2-51 所示。

图 2-51

小贴士　三维软件输出的序列图边缘会有模糊，导入 AE 后，要先进行"锐化"处理，增加细节。

（8）给上面的两个"tree"素材添加"色相 / 饱和度"效果，将主饱和度提高到"20"，使小球的颜色更明显，如图 2-52 所示。

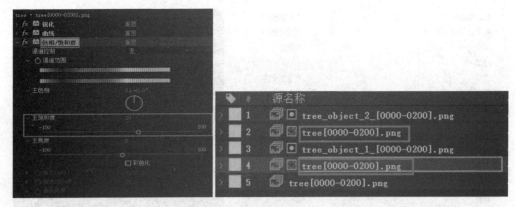

图 2-52

（9）给上面的两个 "tree" 素材添加运动模糊效果，使用 RSMB 插件，将模糊数值设为 "0.80"，如图 2-53 所示。

图 2-53

📎**小贴士**　动态模糊或运动模糊是指快速移动的物体形成的模糊拖动痕迹。我们在 AE 中制作动画时，如果运动的物体没有动态模糊，动画就失去了一定的真实性。RSMB 插件能自动在运动的效果中添加自然、真实的运动模糊效果。

（10）添加音乐，导出合成。在"项目"窗口中选择合成"tree"，选择"合成"菜单下的"添加到 Adobe Media Encoder 队列"（按快捷键 Ctrl+Alt+M），在 Adobe Media Encoder 中导出以合成名命名的 MP4 格式文件，如图 2-54 所示。

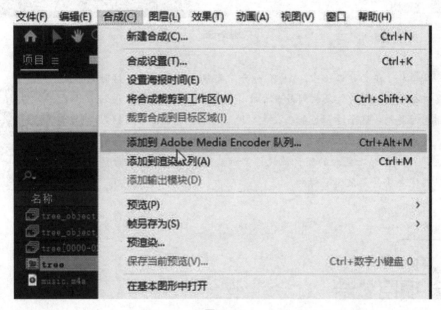

图 2-54

📎**小贴士**　Adobe Media Encoder 是一款由 Adobe 公司推出的视频和音频编码工具类软件；自动使编码设置与 Adobe Premiere Pro 源序列或 Adobe After Effects 合成相匹配，适用于 Adobe FLV | F4V 和 H.264 视频的导出格式。

（11）整理项目文件。选中"项目"窗口中的"tree"合成，执行"文件"菜单下的"整理工程（文件）"→"收集文件"命令，在"收集源文件"下拉菜单中选择"全部"，单击"收集"按钮，如图 2-55 所示，这样就会将所有的素材文件收集到一个文件夹，文件夹包含所有素材和 AE 工程源文件。一个项目结束后，进行项目整理是一个很好的习惯。

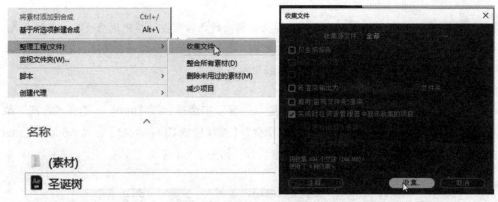

图 2-55

小贴士　在实际工作中，AE 有时会需要异地完成任务，这时不仅需要把项目工程文件复制到另一台计算机上，还要把之前所用到的素材同时复制，这个过程可能丢失素材地址，而 AE 不会帮你搜索素材；整理工程打包的文件夹可以规避素材丢失问题。复制打包的文件夹，打开保存在里面的项目源文件，加载完成后，和上一台计算机保存完之前的效果是一样的。

方块变形效果

2.4 项目总结

　　本项目是圣诞、新年双节商业宣传视频中一个镜头，近年来，随着商家的宣传，很多年轻人开始"过洋节"，如果为了追求所谓的"时尚"，盲目地对其进行追捧，这是一种文化的不自信、中外文化传播的不对等。"中华优秀传统文化源远流长、博大精深，是中华文明的智慧结晶""我们必须坚定历史自信、文化自信，坚持古为今用、推陈出新"，弘扬中国节日的传统文化和内涵，"推出更多增强人民精神力量的优秀作品"，来展示中华民族丰富的精神世界！

2.5 拓展学习

　　运动图形效果器是 C4D 软件的精华，也是视频包装设计基本技法的重要组成部分，此拓展案例是关于运动图形效果的应用（图 2-56）。

图 2-56

制作视频 1

制作视频 2

制作视频 3

2.6 课后测试

课后测试

2.7

任务绩效考核

任务绩效考核表

任务名称	魔幻圣诞树		学时	4	班级	
学员姓名			实训场地		任务成绩	
学习任务			完成圣诞节商业宣传片圣诞树镜头			
考核项目	考核内容	分值	指标说明	自评分（40%）	考评分（60%）	得分
工作业绩	灰猩猩插件安装和使用	5	能正确安装灰猩猩插件，根据项目要求使用灰猩猩插件制作背景和灯光			
	螺旋线制作	5	能调整螺旋线参数，形成树形形状			
	发射器调整	10	能调整发射器参数，完成小球从多到0的变化			
	效果器使用	15	能正确设置对象克隆、随机效果器参数，制作多个小球			
	动力学	10	能正确设置动力学的刚体和碰撞体，理解弹力和摩擦力			
	分层渲染	5	在渲染设置中正确设置对象缓存，能使用对象缓存进行分层渲染			
	后期合成	10	能正确处理三维软件导入的素材，对素材进行锐化和校色；会添加运动模糊			
	项目整理	5	完成项目后，要进行规范的项目整理工作			
工作业绩总分		65	工作业绩得分			
考核项目	考核内容	分值	指标说明	自评分（40%）	考评分（60%）	得分
工作表现	创新能力	10	能多角度、全方位思考问题；能在制作视频中运用运动图形、效果器等相关知识点，制作出理想的作品			
	执行力	5	严格、高效地完成任务，及时提交作业，延迟提交的扣5分			
	协调沟通	5	能及时、主动进行沟通协调，能充分、积极配合其他员工进行工作			
	责任心	5	专注、严谨细致，有耐心、责任感，工作态度不认真扣3分，因个人原因造成小组不能如期完成作业的扣5分			
	团队配合度	5	守规矩、讲原则、团队协作，无故不服从组长调度扣5分			
	遵守纪律	5	迟到、早退情况，每迟到一次扣1分，无故缺勤扣5分			
工作表现总分		35	工作表现得分			

续表

评语		考核总得分	

学习体会	
制作中遇到的问题	解决方法

项目3　橡皮糖效果

3.1　项目展示

橡皮糖效果

思维导图

3.2　项目分析

　　这是一款电视台片花，在设计时，将立方体设为柔体，模拟橡皮糖的效果，使画面活泼，具有动感，表现城市的活力；文字"有一种生活叫日照"展现出城市文化。制作过程中用到了发射器、克隆、着色效果器、柔体、粒子特效等内容。

学习目标 知识点	了解	应用	重点知识
LOGO、标准字制作		⭐	
克隆、简易效果器		⭐	
发射器参数设置		⭐	
动力学调整		⭐	⭐
着色效果器		⭐	⭐
选集	⭐	⭐	
Particular 粒子		⭐	⭐

（学习要求）

3.3
项目实施

3.3.1　LOGO 制作

（1）打开 C4D 软件，导入 LOGO 的 AI 文件，将"日照电视台台标 .ai"文件拖曳到 C4D 窗口，将"缩放"设为"100"，如图 3-1 所示。

**LOGO 的 AI
文件制作与导入**

Adobe Illustrator 导入　　　　　　　✕

缩放　100　　厘米 ⌄
连接样条 ✓
群组样条 ✓

确定　取消

图 3-1

（小贴士）电视台的 LOGO 和标准字，一般都是先导入图片到 PS/Illustrator，制作出路径（尽量多个路径），将文件存为 Illustrator 8 版本（AI 文件），然后导入 C4D 制作三维效果。

（2）将日照电视台台标的 3 个路径重新命名，如图 3-2 所示，原来的文件放入备份组。

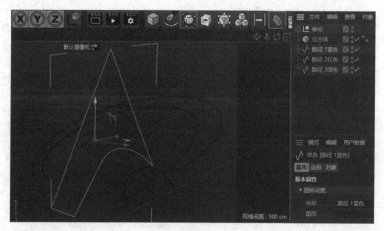

图 3-2

（3）先选择"路径 1 蓝色"样条，单击工具栏中的 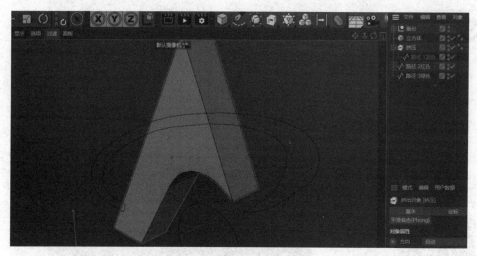 按钮，添加挤压，将"路径 1 蓝色"样条拖放到"挤压"下方作为子级，这样，就将路径变成了模型；依次按键盘的 N、B 键，将视图修改为"光影着色（线条）"显示，如图 3-3 所示。

图 3-3

（4）执行"挤压"→"封盖"命令，为模型添加一个高光边，将尺寸改为"2 cm"，分段设为"5"，如图 3-4 所示。

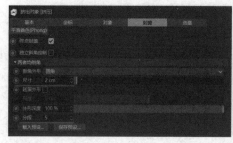

图 3-4

（5）选择"路径 1 蓝色"样条，在"对象"选项，将"点插值方式"修改为"统一"，将数量设为"30"，这样，样条就会变圆滑，如图 3-5 所示。

图 3-5

小贴士　如果对样条的形状不满意，在点模式下，可以单独调整样条上的某一个点，使其平滑。

（6）重复上述（3）~（5）步骤，将"路径 2 红色""路径 3 绿色"样条创建成模型，然后，将 3 个样条挤压形成的模型按快捷键 Alt+G 进行打包，命名为"LOGO"，如图 3-6 所示。

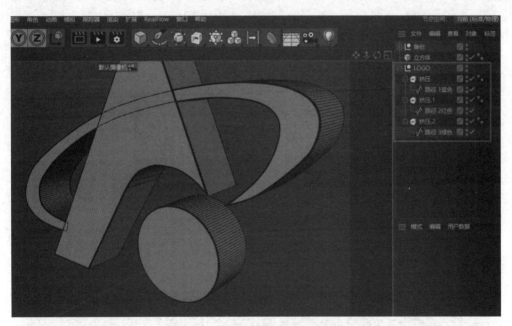

图 3-6

（7）添加摄像机，单击 ▦ 按钮进入摄像机视图，将摄像机的所有坐标参数归零；在四视图状态下调整摄像机到合适的位置，如图 3-7 所示；在 0 帧，单击 ◉ 按钮，记录关键帧，保护摄像机状态。

样条创建模型

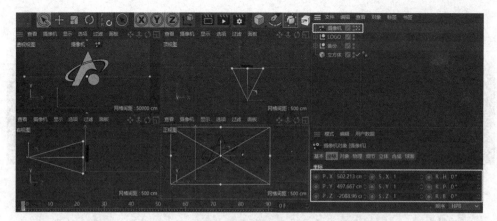

图 3-7

3.3.2 立方体动画

（1）执行"模拟"→"粒子"→"发射器"命令，添加并选中发射器，在四视图中调整发射器的方向和位置，如图 3-8 所示，发射器要放在摄像机的视野范围外面。

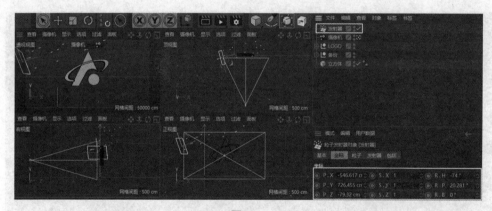

图 3-8

（2）执行"运动图形"→"克隆"命令，将"立方体"拖曳到"克隆"下面作为子级，这样即实现了立方体的克隆，如图 3-9 所示。

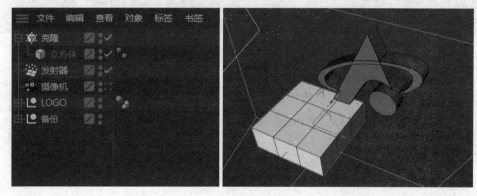

图 3-9

（3）要实现"发射器"发射立方体，就要将发射器和克隆连接起来，将"克隆"→"对象"→"对象属性"→"模式"选项修改为"对象"，将"发射器"拖曳到下方的"对象"选项，如图 3-10 所示，"发射器"将发射立方体。

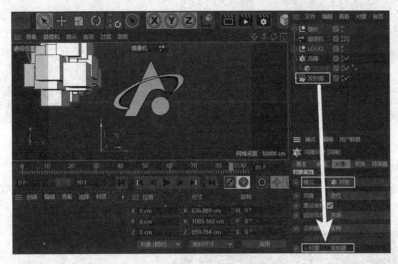

图 3-10

（4）执行"立方体"→"对象"命令，将立方体变小一些，尺寸改为"90 cm"，如图 3-11 左图所示；选择"克隆"，按鼠标右键，执行"模拟标签"→"柔体"命令，将立方体设为柔体，加上动力学，之后受到重力影响，立方体发射后会下落，如图 3-11 右图所示。

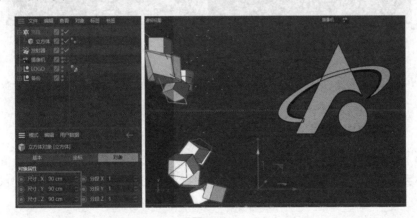

图 3-11

（5）使用灰猩猩插件添加一个地面和背景，在"内容浏览器"中选择灰猩猩插件文件夹→ _Cycs → L 形背景 Studio L，如图 3-12 所示。

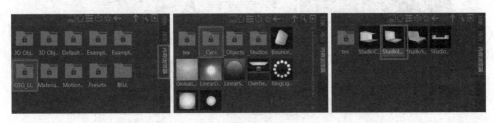

图 3-12

（6）放大 L 形背景，选择"Studio L"，单击鼠标右键，执行"模拟标签"→"碰撞体"命令，设置 L 形背景为碰撞体，立方体下落时就会与地面发生碰撞，如图 3-13 所示。

图 3-13

（7）选中"克隆"，执行"运动图形"→"效果器"→"随机"命令，为"克隆"添加"随机"效果器；在"随机"效果器→"参数"选项，勾选"缩放"和"等比缩放"复选框，将"缩放"设为"-0.3"，让立方体大小呈随机变化，如图 3-14 所示。

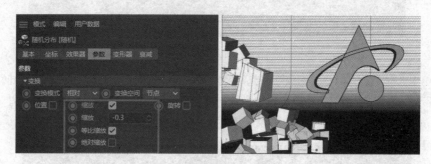

图 3-14

> 🔥 小贴士 现在出现了两个问题：一是立方体会堆积在一起；二是立方体没有呈现柔体的弹性效果。

3.3.3　动画效果调整

（1）先来解决立方体堆积问题，增加"发射器"的发射速度和变化数值，数值设置如图 3-15 左图所示，立方体将呈现散落状态，将"LOGO"设为碰撞体，立方体与"LOGO"有碰撞交互。

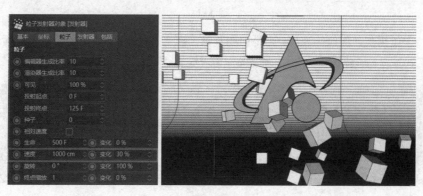

图 3-15

（2）"发射器"的"投射终点"参数可以影响粒子发射的多少，这个数值是指在这之后不再发射粒子。将"投射终点"设为"70F"，如图 3-16 所示，70 帧之后"发射器"将不再发射立方体。

图 3-16

（3）修改地面、LOGO、立方体的动力学设置中的"反弹"和"摩擦力"数值，调整立方体和 LOGO 及地面的碰撞效果，参数设置如图 3-17 所示，立方体将会分散落到地面上，第一个问题解决。

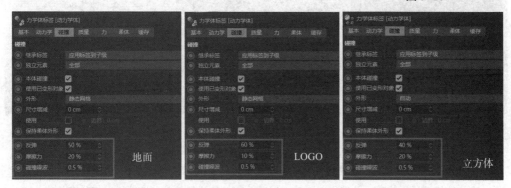

图 3-17

> 🌱小贴士 地面、LOGO、立方体的反弹和摩擦力数值设置是根据实际情况进行调整的，不一定严格按照这个数值设定。

（4）再来解决立方体弹性问题。先修改一下立方体的形状，选中"立方体"→"对象"选项，勾选"圆角"复选框，将"圆角半径"设为"20 cm"，"圆角细分"设为"3"，这时，立方体呈现圆角形状，但在进行动力学时，因为柔体属性，会出现粘连及穿模现象，如图 3-18 所示。

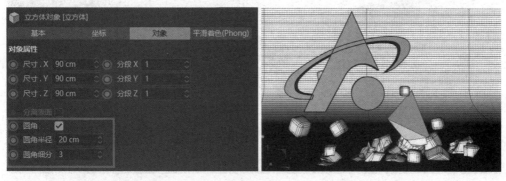

图 3-18

（5）解决这个问题可以从两方面进行：一是修改立方体的硬度，选择"克隆"的动力学属性标签 🔵 →"柔体"选项下的"保持外形"，将"硬度"设为"20"，阻尼为 0；二是提高动力学的精度，按快捷键 Ctrl+D 打开工程设置，将"动力学"→"高级"选项的"步每帧"参数设为"10"，如图 3-19 所示。

柔体破面穿模
问题解决

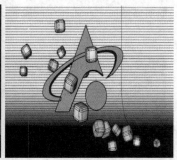

图 3-19

小贴士 "步每帧"设置的是每一帧动力学的计算次数，如果为 1，指每一帧动力学只计算一次，数值设置得越高，计算得越精确，同时计算机的运行速度就会越慢，它的默认值为 5。

（6）为防止立方体飞出画面，我们要添加挡板，让立方体能反弹，增加画面的动态效果。添加"平面"，宽度分段和高度分段都设为"1"，方向设为"+Z"，使平面竖放；复制其他 3 个平面，利用四视图调整 3 个平面的位置，调整结束后，选择 3 个平面，打组（按快捷键 Alt+G），命名为"挡板"，如图 3-20 所示。

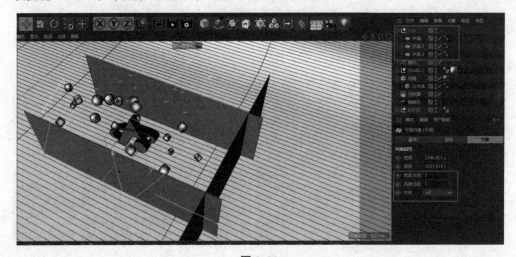

图 3-20

（7）将挡板设为碰撞体，设置它的反弹和摩擦力参数，将"反弹"设为"80%"，"摩擦力"设为"20%"，我们只需要挡板起反弹作用，不需要看到挡板，因此将挡板隐藏，如图 3-21 所示。

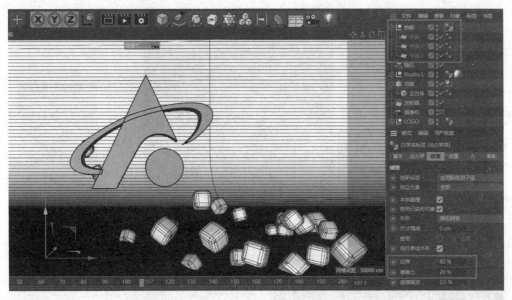

图 3-21

3.3.4 文字动画

（1）使用"运动图形"→"文本"菜单添加文字，在"对象"选项下的"文本"属性中添加"有一种生活叫日照"文本。设置一个合适的字体，将"对齐"设为"中对齐"，利用"高度"和"深度"选项调整字体。其中，"高度"选项控制文本的大小，"深度"选项是指 Z 轴方向的长度，也就是文本的三维厚度；利用四视图调整好位置，如图 3-22 所示。

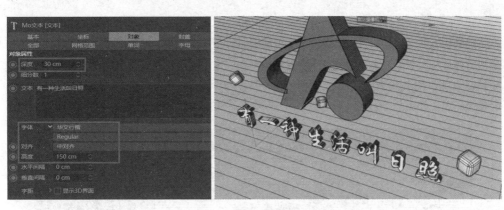

图 3-22

小贴士 也可以通过样条工具下的 $\boxed{\text{I}\ 文本}$ 按钮创建文字，不过这样创建的文字是样条形式，要添加"挤压"父级，挤出厚度，才能形成一个三维模型。

（2）接下来运用"简易"效果器制作文字从无到有的动画效果。执行"运动图形"→"效果器"→"简易"命令，将"简易"效果器拖曳到文本下方，作为文本的子级；执行"简易"效果器→"衰减"命令，添加一个立方体域，如图 3-23 所示。

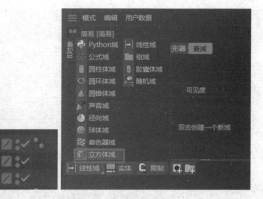

文字出现动画

图 3-23

（3）执行"简易"效果器→"参数"命令，勾选"缩放"和"等比缩放"复选框，将"缩放"数值设为"-1"，调整立方体域的宽度，随着域的移动，文字会慢慢出现，如图 3-24 所示。

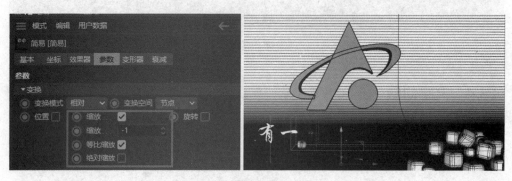

图 3-24

（4）勾选"旋转"复选框，将 R.P 设为 180°，在 Y 轴方向做一个 180°的水平旋转，文字将会以旋转 180°的方式出现，文字出现的时机是在立方体落地后的时间，在 32 F，选择"立方体域"，单击 P.X 参数前的 按钮，将按钮变成实心红色，在 X 轴上创建第一个关键帧；在 80 F，沿 X 轴方向移动立方体域至文字完全出现，创建第二个关键帧。这样，文字就会慢慢出现，如图 3-25 所示。

图 3-25

（5）将文字设为碰撞体，让文字和立方体也有碰撞效果，这样，所有的动画效果完成。接下来进行动力学烘焙，选择"克隆"的力学体标签，单击"缓存"选项的"全部"按钮烘焙，如图 3-26 所示，形成一个缓冲文件，就可以预览动画，如果想重新进行动力学模拟，单击"清空全部缓存"按钮后，再单击"全部"按钮烘焙。

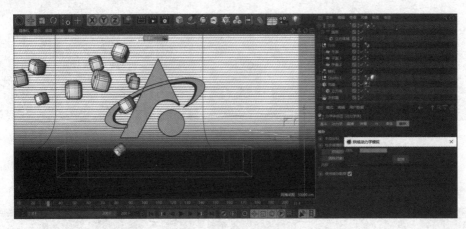

图 3-26

3.3.5 材质渲染

（1）给 LOGO 添加材质。在材质窗口，双击鼠标左键，创建一个新材质，将"颜色"选项设置为红色；按住 Ctrl 键，拖曳这个材质，复制两个新材质，将颜色修改为绿色和蓝色，并将它们赋给 LOGO 不同的部分，如图 3-27 所示。

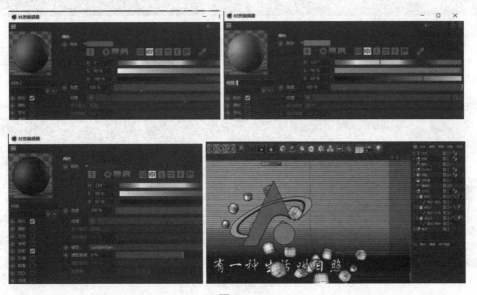

图 3-27

🖐小贴士 可以在 PS 中用使用"吸管"工具拾取 LOGO 的颜色，它的 HSB 数值对应材质颜色的 HSV 数值。

（2）给文字添加材质。先为文字设置一个高光边，执行"文本"→"封盖"命令，设置"尺寸"为"2 cm"，"分段"为5，增加边的精度，如图3-28所示。

图 3-28

（3）执行"文本"→"选集"命令，勾选"起点倒角"复选框，出现选集标签，这样在赋材质时可以单独给高光边赋上不同的材质，如图3-29所示。

图 3-29

（4）制作文字主体材质。在材质窗口，双击鼠标左键，创建一个新材质；在"颜色"选项设置HSV数值，数值如图3-30所示，颜色为黄色。

图 3-30

（5）为了使文字材质呈现较好的反射效果，在"反射"选项，单击"添加"按钮，添加一个传统反射，这时会出现"层1"，执行"层1"→"层颜色"→"纹理"命令，选择"菲涅耳"，同时将"反射强度"降低，设为"51%"，如图3-31所示。

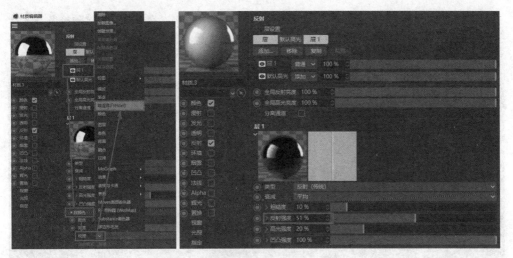

图 3-31

小贴士　菲涅耳是一位物理学家，他的主要成就是发现了光的衍射，并且得出菲涅耳公式。C4D 材质添加"菲涅耳"是让计算机运用他的计算方法，使物体表面的反射效果更接近真实。

（6）将材质赋给文字，效果如图 3-32 所示。

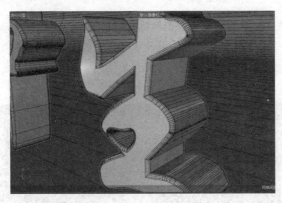

图 3-32

金属高光边的制作

（7）制作高光边的材质。执行"内容浏览器" → "Materials" → "Metal" → "Steel"命令，用鼠标双击这个材质，它将会添加到材质窗口，如图 3-33 所示。

 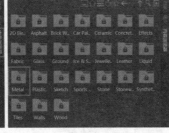 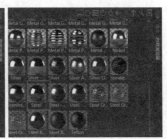

图 3-33

（8）将"Steel"材质赋给文本。单击选择"Steel"材质，在"标签"选项拖曳 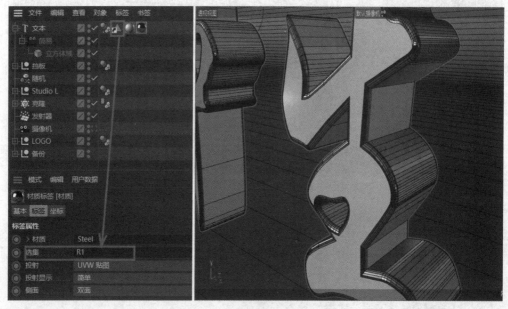 标签到"选集"的空白栏，出现"R1"，材质只影响这个选集，这样就为高光边添加了一个材质，如图 3-34 所示。

图 3-34

（9）制作立方体多颜色材质。在材质窗口，双击鼠标左键，创建一个新材质，命名为"立方体材质"，立方体的材质是多颜色的，可以使用着色效果器来实现。执行"颜色"→"纹理"→"着色"命令，进入着色器设置界面，如图 3-35 所示。

图 3-35

（10）在着色器界面设置渐变色。主要以电视台 LOGO 的颜色为主，中间可以添加一些过渡色，如图 3-36 所示。

（11）为材质添加传统反射。执行"层颜色"→"纹理"命令添加"菲涅耳"，降低"反射强度"为"70%"，如图 3-37 所示。

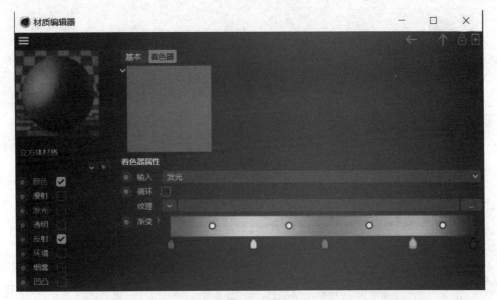

图 3-36

图 3-37

（12）将材质赋给"克隆"。单击  按钮（按快捷键 Ctrl+R）进行快速渲染，发现立方体的颜色只显示红色，并没有显示我们先前设置的多个颜色，如图 3-38 所示。

立方体多颜色
材质制作

图 3-38

出现这种情况，是由于我们只是设置了着色器颜色，没有把着色器打开，需要进行两步操作：一是再次打开"立方体材质"，执行"颜色"→"纹理"→"MoGraph"→"颜色着色器"命令，这时，"纹理"选项会显示"颜色着色器"，如图 3-39 所示；二是将"随机"效果器→"参数"选项颜色模式设为"效果器颜色"，取消勾选"使用 Alpha/ 强度"复选框，完成这两步后，立方体的颜色就会呈现多个颜色，如图 3-40 所示。

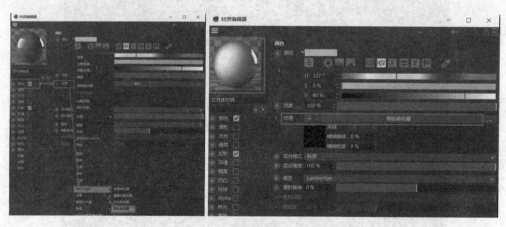

图 3-39

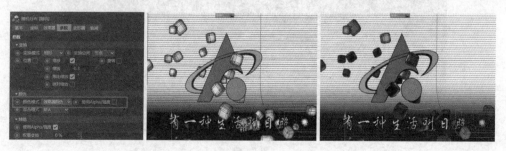

图 3-40

（13）单击工具栏 <!-- 图标 --> 按钮，添加天空，模拟自然光照；在材质窗口，双击鼠标左键，创建一个新材质，命名"HDR 材质"，只勾选"发光"复选框，在"纹理"选项选择一个HDR 图，如图 3-41 所示，完成后将材质赋给天空。

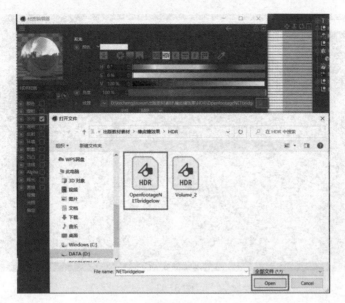

图 3-41

小贴士 赋给天空的材质，只需要勾选"发光"复选框，其他
选项不用勾选，如果需要场景亮一些，可选择室外的 HDR；如果想暗
一些，则选择室内的 HDR。

渲染设置

（14）单击工具栏 ⚙ 按钮（按快捷键 Ctrl+B），打开渲染设置
窗口，从"效果"中添加全局光照和环境吸收；在全局光照窗口"预
设"下拉菜单中选择"内部 - 预览"，"采样"选择"中"，按快捷
键 Ctrl+R 在视图中快速预览，如图 3-42 所示。

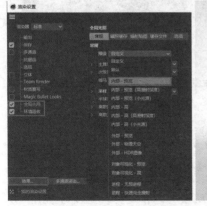

图 3-42

（15）为了方便后期合成，将文本、立方体和 LOGO 进行分层渲染，添加"合成"标签，
分别设置"对象缓存 1""对象缓存 2""对象缓存 3"，同时在渲染设置中的多通道下面添
加对象缓存，注意，ID 号要与合成标签中的缓存一一对应，完成保存设置，如图 3-43 所示，
然后，按快捷键 Shift+R，开始渲染。

图 3-43

3.3.6 合成制作

（1）打开 AE，在项目窗口导入"片花 .aec"文件，自动生成一个合成，并且可以将所有的渲染文件导入，如图 3-44 所示。

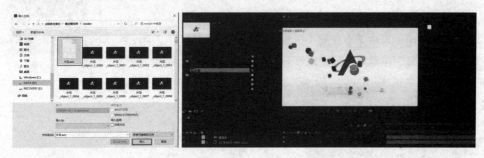

图 3-44

> **小贴士** 在 C4D 渲染设置中，勾选生成"合成方案文件"就会生成一个 aec 文件，这个文件可以保存 C4D 里面的灯光、摄像机等数据，如果 AE 打不开 aec 文件，则是缺少了一个特效文件，将 C4D 安装目录下的 C4DImporter.aex 文件（X:\Program Files\Maxon Cinema 4D R23\Exchange Plugins\aftereffects\Importer\Win\CS_CC）复制到 AE 里面（X:\Program Files\Adobe\Adobe After Effects CC 2021\Support Files\Plug-ins\Effects），再重启 AE 就可以了。

（2）打开合成"片花"，利用图层遮罩，将 LOGO、立方体和文字单独显示。先用"片花 _object_1"把 LOGO 抠出来，这样，就可以对 LOGO 单独进行修改，如图 3-45 所示。

图 3-45

（3）调整 LOGO 的细节和色彩度：对最下方的"片花"序列帧进行操作，依次添加锐化、曲线和色相 / 饱和度效果，将"锐化"特效的"锐化量"设为"15"，"色相 / 饱和度"的"主饱和度"设为"20"，如图 3-46 所示。

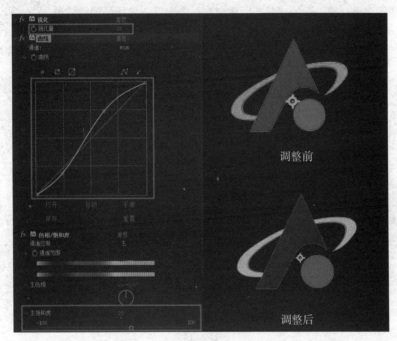

图 3-46

（4）重复上述操作过程（2）、（3），完成立方体和文字的图层遮罩，这样 LOGO、立方体和文字就分离出来，可以单独进行操作，如图 3-47 所示。

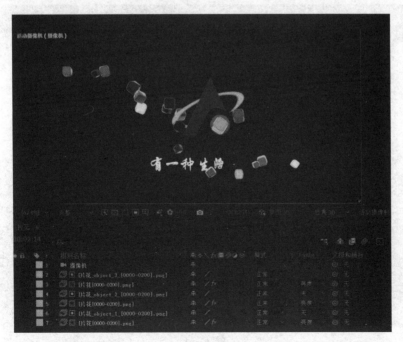

图 3-47

（5）从项目窗口拖曳"片花"素材到时间线窗口，放到最下方作为合成背景，在"效果"窗口添加"曲线"效果，拉低画面亮度；再次拖曳"片花"素材到时间线窗口，放到最下方，添加"曲线"效果，拉高画面亮度；将上面的"片花"素材加一个遮罩，这样处理就会有一个上明下暗的背景，如图 3-48 所示。

背景处理

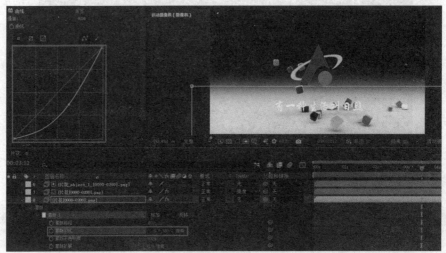

图 3-48

（6）立方体是运动的，所以给它添加运动模糊效果。这里使用 RSMB 插件，模糊数值默认即可，如图 3-49 所示。

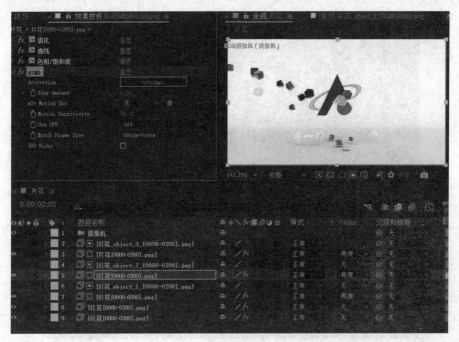

图 3-49

（7）接下来进行粒子效果的制作，按快捷键 Ctrl+Y 新建固态层，命名为"粒子"，在效果窗口添加 "RG Trapcode" → "Particular" 效果，在如图 3-50 所示。

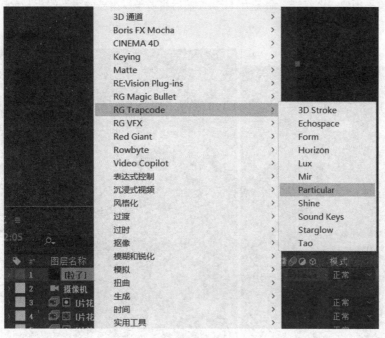

图 3-50

🔥小贴士　Trapcode Particular 是 Red Giant 公司出品的一款 AE 超炫粒子插件，现如今已经是 After Effects 粒子系统创建的行业标准。默认安装之后，打开 AE，在效果窗口单击鼠标右键打开 RG Trapcode，可以看到所有的插件，使用任意一个插件，单击 Licensing 按钮，然后输入 Trapcode Suite 14 序列号：TCBK2245868172939255，一个序列号即可注册所有插件。

（8）调整发射器的位置，使发射器出现在画面中，现在的状态就是从一点（Point）发射出粒子，如图 3-51 所示。

图 3-51

（9）粒子的发射器类型"Emitter Type"默认为"Point"。在本项目中，粒子发射器的位置是运动的，我们考虑使用 Linght（s）灯光发射器，利用灯光的位置移动来控制粒子的位置。首先创建一个灯光，命名为"E"，然后将粒子发射器的类型改为 Linght（s），如图 3-52 所示。

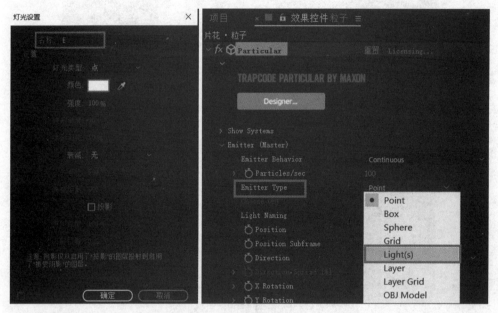

图 3-52

小贴士　粒子发射器为灯光类型时，创建的灯光名字必须与发射器一致，如果是英文版，灯光的名字要设为"Emitter"或"E"；如果是中文版，灯光的名字要设为"发射器"。

（10）对照文字出现的时间，给灯光的位置打关键帧，如图 3-53 所示，粒子就会沿着灯光的运动轨迹移动。

图 3-53

（11）粒子在开始时是不出现的，在运动开始后才出现，所以在运动开始后，粒子发射的数量（Particles/sec）为从 0 到 100；当运动结束后，粒子也会慢慢消失，这时，Particles/sec 的数值为从 100 到 0，如图 3-54 所示。

图 3-54

（12）调整粒子的状态，首先修改粒子的大小和透明度，调整
"Particular" → "Particle"（粒子）选项的 Size（大小）和 Opacity
Random（透明度）参数，如图 3-55 左图所示；其次让粒子产生向
上飘动的效果，修改 "Particular" → "Physics"（物理）→ "Air"（空
气）选项的 Wind X 和 Wind Y 参数，如图 3-55 右图所示。

粒子发射位置
和数量设置

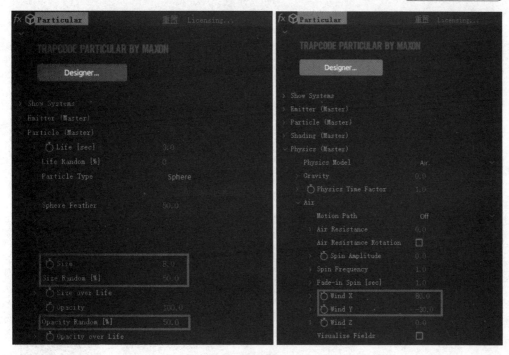

图 3-55

（13）添加音乐，在项目窗口中，选择"片花"合成，按快捷键 Ctrl+Alt+M，打开 Adobe Media Encoder，导出 MP4 格式的视频文件，如图 3-56 所示；执行"文件"菜单下的"整理工程（文件）"→"收集文件"命令，整理项目文件。

图 3-56

3.4 项目总结

本项目案例是一款电视台的 LOGO 形象片花。片花多以三维或二维动画呈现，时长多为 3~5 s；本案例采用简洁明快的立方体商业包装元素，运用发射器和克隆生成多个立方体，运用着色器和随机完成立方体多样化颜色的设置，制作过程中需要 PS、C4D 和 AE 三款软件配合完成，强化软件之间的综合运用能力。

3.5 拓展学习

四川卫视的 LOGO 和项目案例的 LOGO 类似，依照项目案例的技术解析，模拟制作一款电视台片花，同学们也可以为自己家乡的电视台制作一款片花（图 3-57）。

四川电视台片花

图 3-57

制作视频 1

制作视频 2

制作视频 3

3.6

课后测试

课后测试

3.7

任务绩效考核

任务绩效考核表

任务名称	橡皮糖效果		学时	4	班 级		
学员姓名			实训场地		任务成绩		
学习任务			完成橡皮糖效果，模拟制作自己家乡电视台的片花				
考核项目	考核内容	分值	指标说明		自评分（40%）	考评分（60%）	得分
工作业绩	LOGO、标准字制作	10	能在 PS 中制作 LOGO、标准字，导出 AI 文件，在 C4D 中完成模型制作				
	克隆、简易效果器	10	能使用克隆、简易效果器完成立方体的复制和文字动画				
	动力学调整	10	能设置立方体的柔体属性，制作橡皮糖弹跳效果				
	多色材质	10	能运用着色效果器，配合随机效果器给立方体赋多个颜色材质				
	选集	5	能设置和使用选集给文字添加高光边				
	Particular 粒子效果	15	能安装 Particular 粒子插件，沿灯光路径调整 Particular 粒子参数，完成粒子效果				
工作业绩总分		60	工作业绩得分				
考核项目	考核内容	分值	指标说明		自评分（40%）	考评分（60%）	得分
工作表现	视频素材的收集	5	能收集对制作有用的文字、音乐等素材，并及时、准确地运用到实际工作中提高效率				
	创新能力	10	热爱自己的家乡，提炼家乡城市的文化内涵，制作有创意的片花；在制作过程中运用本项目的知识点，制作有创意的作品				
	执行力	5	严格、高效地完成任务，及时提交作业，延迟提交的扣 5 分				
	协调沟通	5	能及时、主动进行沟通协调，能充分、积极配合其他员工进行工作				
	责任心	5	专注、严谨细致，有耐心、责任感，工作态度不认真扣 3 分，因个人原因造成小组不能如期完成作业的扣 5 分				

续表

考核项目	考核内容	分值	指标说明	自评分（40%）	考评分（60%）	得分
工作表现	团队配合度	5	守规矩、讲原则、团队协作，无故不服从组长调度扣 5 分			
	遵守纪律	5	迟到、早退情况，每迟到一次扣 1 分，无故缺勤扣 5 分			
工作表现总分		40	工作表现得分			
评语				考核总得分		

学习体会	
制作中遇到的问题	解决方法

项目4 布料风车

4.1 项目展示

布料风车

思维导图

4.2 项目分析

　　布料是视频设计中一种重要的表现方式。这个案例用柔软的布料代替金属做风车叶片，改变材质属性也是进行视频设计的一种创意方法。制作过程中用到了布料标签、克隆、锥化、弯曲等效果器，还有文字特效、OF 光效插件等内容。

	知识点 \ 学习目标	了解	应用	重点知识
学习要求	布料标签调整		★	
	放射状克隆		★	
	锥化、膨胀、弯曲效果器		★	★
	AE 自带文字特效		★	
	OF 光效插件		★	★

4.3 项目实施

4.3.1 布料制作

（1）打开 C4D 软件，设置工程参数，将帧率设为“25”，最大时长设为“200F”，按快捷键 Ctrl+B 打开渲染设置，把输出“帧频”也要设为“25”，如图 4-1 所示。

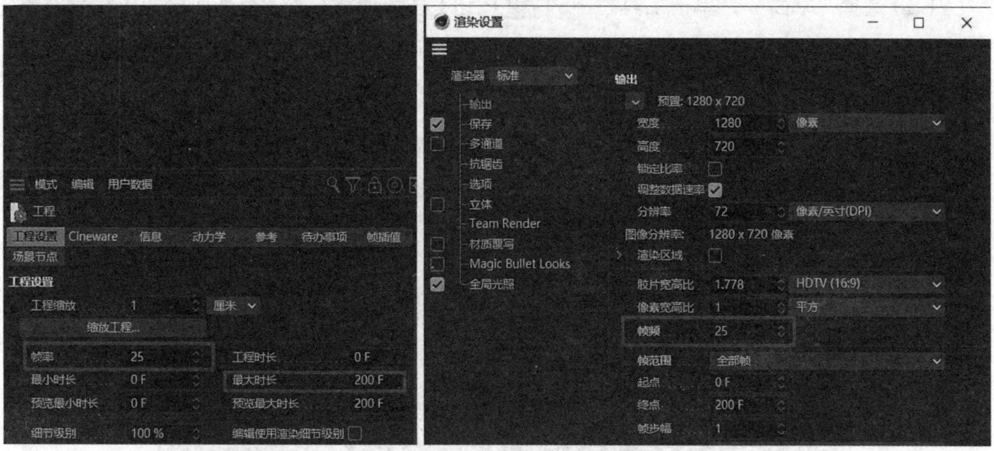

图 4-1

小贴士 工程设置中的帧率要与输出渲染的帧频一致，否则就会出现错帧现象。

（2）创建一个平面，依次按键盘的 N、B 键，将视图显示设为光影着色（线条），单击平面的“对象”属性，将平面的高度设为“800 cm”，高度分段设为 40，方向设为“+Z”，让平面竖起来，如图 4-2 所示。

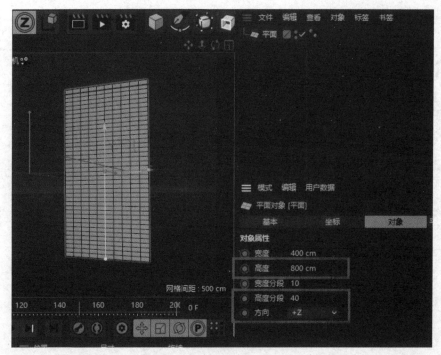

图 4-2

> 小贴士　提高宽度分段和高度分段，可以使布料的细节增多。

（3）选择"平面"，单击工具栏中的 🎨 按钮（按快捷键 C），将平面变为可编辑对象，单击鼠标右键，在弹出的右键快捷菜单中执行"模拟标签"→"布料"命令，给平面添加布料，使平面具备布料属性，如图 4-3 所示。

图 4-3

> 小贴士　在添加布料标签之前，要把物体变为可编辑对象，否则，布料标签不起作用。

（4）平面具备布料属性后就会下落，此时需要固定住布料的一部分，让它不下落。首先，我们先固定布料，布料模拟的对象必须有足够多的分段数，因此，固定之前需要增加平面的面数，单击 ■ 按钮进入面模式，按快捷键 Ctrl+A，全选平面的所有面，单击鼠标右键，在弹出的右键快捷菜单中选择"三角化"选项，如图 4-4 所示。

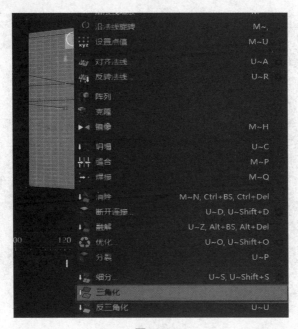

图 4-4

（5）单击 ■ 按钮进入点模式，框选平面边缘的几个点，执行布料标签的"修整"→"固定点"命令，单击"设置"按钮，这样，就会将平面固定住，如图 4-5 所示。

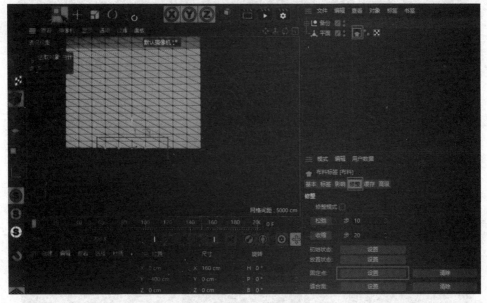

图 4-5

（6）修改布料标签的参数，使布料向上飘动，将"修整"→"影响"中的"风力方向 Y"设为"4 cm"，这样并不能使布料向上飘动，还要加强度变化，将"风力强度"设为"6"，调整向上的重力为"-4"，为了让布料飘动更随意，加大"风力湍流强度"到"0.4"，布料向上飘动起来，如图 4-6 所示。

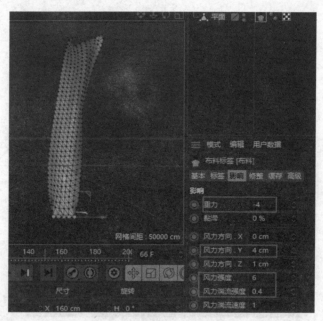

图 4-6

（7）现在布料会出现拉伸变形，只需加大"影响"→"黏滞"到"2%"，同时调高布料的"质量"到"2"，布料拉伸问题就会得到很大改善，如图 4-7 所示。

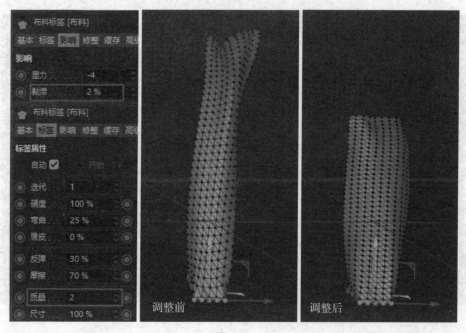

图 4-7

（8）布料在飘动时会有碰撞，为防止出现穿模现象，勾选布料标签→"高级"属性里的"本体碰撞"和"全局交叉分析"复选框，如图4-8所示。

（9）布料动画完成后，要先缓存，用关键帧烘焙插件——NitroBake V3进行布料动画的烘焙，在C4D菜单栏执行"扩展"→"NitroBake V3"命令，在对话框中单击"Bake"按钮，开始烘焙，如图4-9所示。

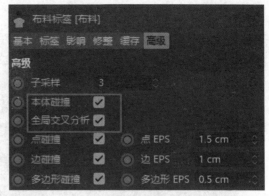

图 4-8

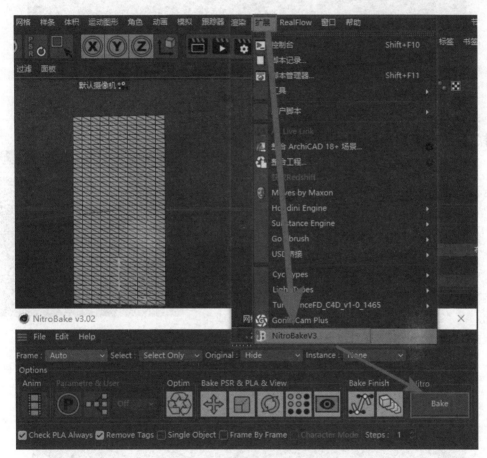

图 4-9

小贴士 Nitrobake V3可以轻松地将场景烘焙成关键帧。安装方法：复制NitroBake3文件夹到C4D安装目录里的plugins文件夹里即可，例如，C:\Program Files\Maxon Cinema 4D R23\plugins。打开C4D软件，顶部菜单栏插件（扩展）下就可以找到Nitrobake V3。

（10）烘焙完成后，原来的对象（平面）会自动隐藏，生成一个新的烘焙对象"NitroBake：1"，在时间线上会有连续关键帧显示，我们将烘焙完成的可编辑对象从

"NitroBake：1"中拖出来，重新命名为"布料"，如图 4-10 所示，完成布料的制作。

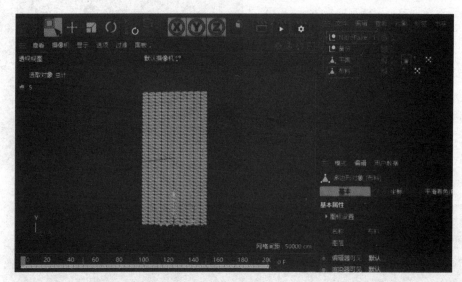

图 4-10

4.3.2　布料风车制作——叶片制作

（1）单击工具栏的 ⬤ 按钮，再单击右下角的黑色小箭头，打开扩展菜单，选择"锥化"变形器，如图 4-11 所示，给平面添加锥化效果。

（2）"锥化"变形器要作为布料的子级，选择"锥化"变形器，修改"对象"→"尺寸"参数，变形器的尺寸要比布料的尺寸大一些；将"强度"设为"90%"，布料呈现上窄下宽的效果，不符合案例风车形状。因此，将"锥化"变形器在 Y 轴方向翻转 180°，成为上宽下窄的形状，具体参数设置如图 4-12 所示。

图 4-11

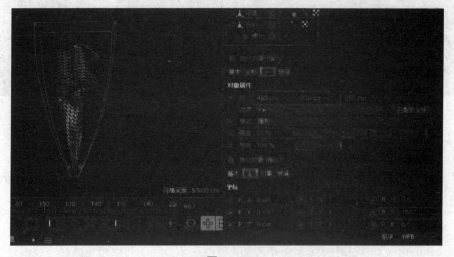

图 4-12

布料底部拉伸
问题的解决

（3）添加"锥化"变形器后，布料底部拉伸太大，我们回到布料标签中修改"重力"和"风力方向"，参数设置如图 4-13 所示，这样，向上的风力加强，底部的拉伸问题得到改善。

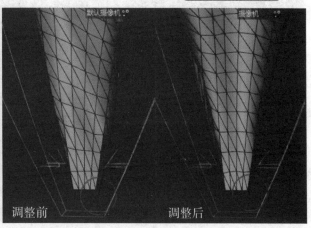

图 4-13

（4）"锥化"变形器使布料上部相对于底部来说过宽，我们再添加一个"锥化"变形器，名称为"锥化 1"，它的尺寸和"锥化"变形器大小一样，"强度"不用太大，设为"35%"即可，如图 4-14 所示，这样，布料上部的宽度就会减小。

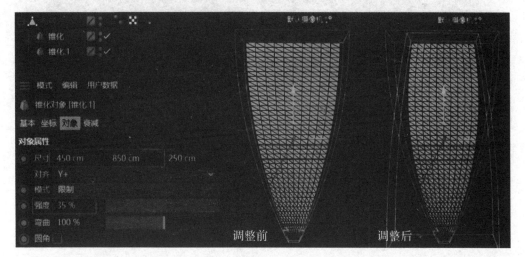

图 4-14

（5）为了更好地模拟布料风吹的效果，中间再添加一个"膨胀"变形器，它的"尺寸"参数只需修改高度即可，高度与先前的"锥化"变形器的高度一致，将"强度"设为"60%"，如图 4-15 所示，风车叶片的形状完成。

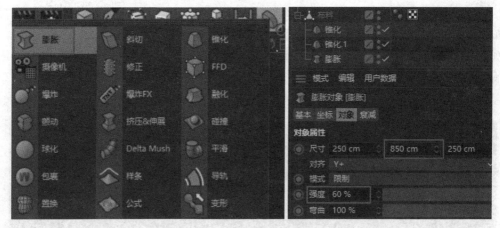

图 4-15

（6）制作风车叶片的生长动画，我们继续使用"锥化"变形器，复制"锥化 1"变形器，双击重命名为"锥化生长"，将"强度"设为"100%"，如图 4-16 所示。

（7）在 0 帧，将"锥化生长"变形器移动到布料的下方，单击"记录活动"对象按钮 ◢ 记录关键帧，这时由于变形器的作用，不出现布料；在 40 帧位置，将"锥化生长"变形器沿 Y 轴上移到布料上方，如图 4-17 所示，再次单击 ◢ 按钮记录关键帧，单击"播放"按钮 ■，布料就会从无到有呈现生长动画效果。

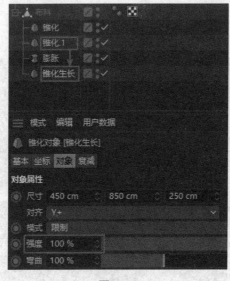

图 4-16

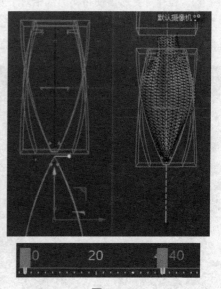

图 4-17

（8）叶片受到风力，要有一个向后飘动的效果，为布料添加一个"弯曲"变形器，尺寸的高度设置同上，将宽度设为 400，弯曲的强度设为 60°，现在方向有问题，应修改弯曲的角度为 90°，为了不使风车拉伸变形，勾选"保持纵轴长度"复选框，如图 4-18 所示。

扭曲效果器调整

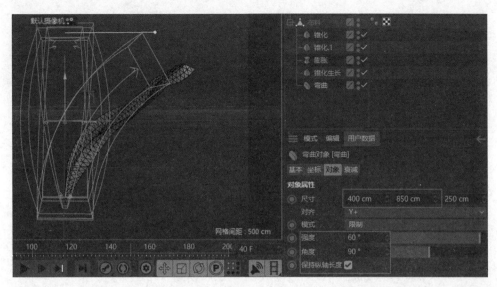

图 4-18

4.3.3　布料风车制作——风车制作

（1）我们用克隆工具来完成叶片的复制，将"对象"→"模式"设为放射，"数量"设为"6"（一般风车的叶片数量为 6），叶片完成复制；为了减少视线干扰，可以将变形器隐藏，如图 4-19 所示。

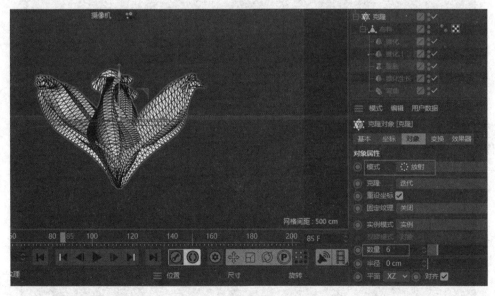

图 4-19

（2）现在叶片的位置形状都不正确，我们首先修改"平面"参数为"XY"，使叶片朝向摄像机，再加大"半径"，将 6 个叶片拉开距离，如图 4-20 所示。

（3）修改视角，使风车位于平面中心向右位置；修改克隆工具的"变换"→"旋转 .B"，使叶片的中心错开一些；在 0 帧，将"旋转 .B"设为"0°"；在 50 帧位置，将"旋转 .B"修改为"10°"，如图 4-21 所示，这样，6 片风车叶片出现的过程中就伴随着旋转。

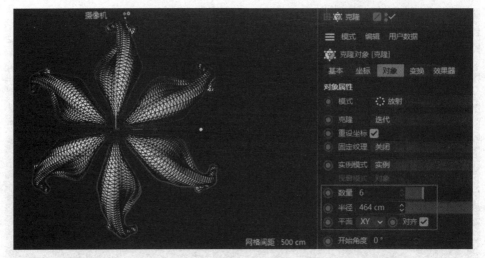

图 4-20

图 4-21

（4）风车本身也要进行旋转动画，即 Z 轴方向的旋转，在 0 帧，将克隆工具的坐标"R.B"设为"0°"；在 200 帧结束位置，将"R.B"修改为"-90°"，进行逆时针方向旋转，如图 4-22 所示，风车就会一直进行旋转运动。

风车旋转动画

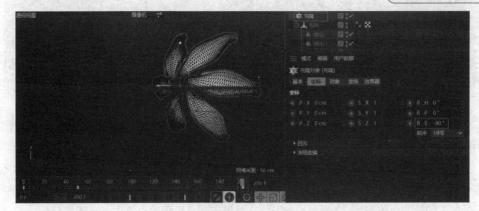

图 4-22

4.3.4　布料材质

（1）首先创建一个摄像机，将视角固定下来，然后在材质窗口双击，创建一个新材质，只勾选"颜色"复选框，将颜色设为红色，参数如图 4-23 所示。

（2）布料风车是放在天空环境中的，材质要模拟太阳光照射的效果，可通过给布料添加一个背光效果来实现，勾选"发光"复选框，单击"纹理"右侧的 ▽ 按钮，执行"效果"→"背光"命令，如图 4-24 所示。

 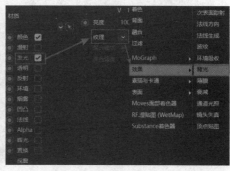

图 4-23　　　　　　　　　　　　　　　　图 4-24

（3）单击"背光"，进入"背光"选项，在窗口中单击色块，弹出的"颜色拾取器"，将颜色修改为淡黄色，参数设置如 图 4-25 左图所示，然后，将这个材质赋给布料，如图 4-25 右图所示。

图 4-25

（4）添加一个"天空"环境，"天空"的材质选择"OpenfootageNETbridgelow"HDR图，如图 4-26 所示，在提示"是否在项目位置创建副本"时，单击"否"按钮。

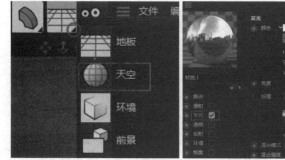 

图 4-26

（5）给"天空"添加的 HDR 材质图，在渲染时会显示出来，这里不需要看到这个 HDR 图，因此需要将这个材质图隐藏，单击"天空"按钮，再单击鼠标右键，在弹出的右键快捷菜单中执行"渲染标签"→"合成"命令，取消勾选"摄像机可见"复选框，如图 4-27 所示，再渲染时，"天空"的 HDR 图将不会再出现。

图 4-27

（6）单击 ⚙ 按钮（按快捷键 Ctrl+B）进行渲染设置，添加"全局光照"，预设选择 "外部 - 预览"，采样选择"中"，单击 ⬛ 按钮（按快捷键 Ctrl+R）进行快速渲染，渲染 效果如图 4-28 所示。

图 4-28

小贴士　在使用"天空"的 HDR 图进行渲染时，需要打开"全局光照"。

（7）现在布料边缘出现锯齿，不够细腻。改善方法：首先将渲染设置 中的"抗锯齿"设为"最佳"；其次增加布料的面数，采用"布料曲面"， 如图 4-29 所示。

布料细化

图 4-29

（8）添加"布料曲面"后，风车的排列会乱，只需将"克隆"→"布料曲面"→"布料"的 R.B 参数归零即可，如图 4-30 所示。

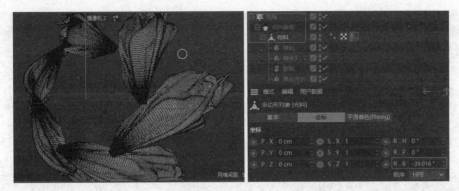

图 4-30

（9）将"布料曲面"→"对象属性"→"厚度"设为"1 cm"，给布料添加一个厚度，将材质赋在"布料曲面"上，重新渲染，看到布料的面数增多后，效果得到改善，如图 4-31 所示。

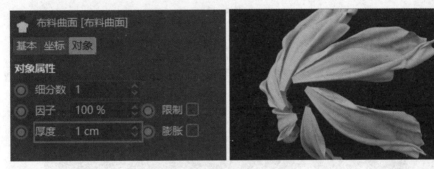

图 4-31

（10）进一步丰富效果，将风车的各个叶片做成不同的颜色，复制多个材质，修改材质的颜色；同时复制多个"布料曲面"，将每一个"布料曲面"赋上不同的材质，重新渲染，风车就会呈现不同的颜色，如图 4-32 所示。

布料风车多颜色设置

图 4-32

（11）最后输出序列图，选择一个存储位置，格式选择 PNG，勾选"Alpha 通道"复选框，如图 4-33 所示，单击 ▶ 按钮（按快捷键 Shift+R），就可以渲染输出了。

图 4-33

4.3.5 后期处理

（1）打开 AE，在项目窗口下方单击 ▦ 按钮（按快捷键 Ctrl+N）创建新的合成，命名为"风车"，将分辨率设为 1 280×720，时长设为 10 s，如图 4-34 所示。

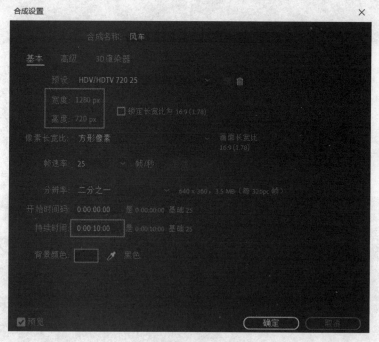

图 4-34

（2）在项目窗口双击，依次导入风车序列图、音乐和背景视频"蓝天白云"，将背景视频和风车序列图拖放到合成"风车"的时间线，将风车序列图后移，从第 5 帧开始；将背景视频缩小到合适位置，如图 4-35 所示。

图 4-35

（3）首先对从三维软件输出的风车序列进行处理，在效果窗口单击鼠标右键，执行"模糊与锐化"→"锐化"命令，将"锐化量"设为"10"，增加风车的细节；再添加"颜色校正"→"曲线"特效，调整 RGB 通道，增加明暗对比度，单独将红、绿通道的曲线下压，提升蓝通道，体现蓝色天空的效果，设置如图 4-36 所示。

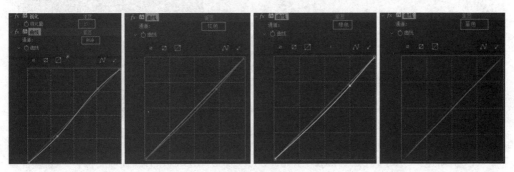

图 4-36

（4）查看风车素材，发现开始位置有多余的边缘，需要去掉这些多余的线，执行"遮罩"→"简单阻塞工具"命令，将"阻塞遮罩"设为"1.00"，边缘就会去掉，如图 4-37 所示。

图 4-37

小贴士　简单阻塞工具常用于对抠图边缘进行处理，对于抠像边缘不干净的情况，可以用这个阻塞工具去掉不干净的边缘。

（5）接下来制作文字效果，在工具栏单击 🅣 按钮，添加文字"快乐中国 放飞梦想"，放在合适的位置；在文字属性窗口中，将字体设为"方正字迹—邢体草书简体"，将大小设为"64像素"，描边宽度设为"0像素"，去除描边，如图4-38所示。

图 4-38

（6）为文字添加投影效果，参数设置如图4-39所示，这样处理使文字具有厚度。

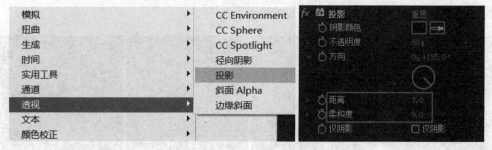

图 4-39

（7）新建一个文字图层，添加"kuailezhongguo fangfeimengxiang"拼音，选择合适的字体，设置大小为"40像素"，放在原来文字的下方，如图4-40所示。

图 4-40

小贴士 安装字体：将TrueType字体文件（.TTF）复制粘贴到C:\Windows\Fonts文件夹。

（8）调整文字出现的时间，先出现"快乐中国 放飞梦想"（17 s 位置），再出现拼音（1:15 s 位置）；接下来选择"快乐中国 放飞梦想"文字图层，制作文字特效，这里我们使用 AE 自带的文字特效，打开"动画"菜单下的"浏览预设"选项，会自动打开 Adobe Bridge 资源管理器，在管理器中找到 C:\Program Files\Adobe\Adobe After Effects 2021\Support Files\Presets\Text\，会显示所有的文字动画预设，如图 4-41 所示。

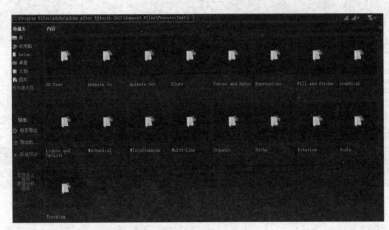

图 4-41

小贴士　Adobe Bridge 是 Adobe 公司发布的一款功能强大的文件资源管理器，它的版本必须与 AE 版本一致，才能在 AE 中打开。

（9）单击进入"Animate In"文件夹，选择合适的效果，选择时可以单击右侧的 ▶ 按钮进行预览，选中效果后，单击鼠标右键，在弹出的右键快捷菜单中执行"Place In Adobe After Effects 2021"命令，将效果应用在文字图层，如图 4-42 所示。

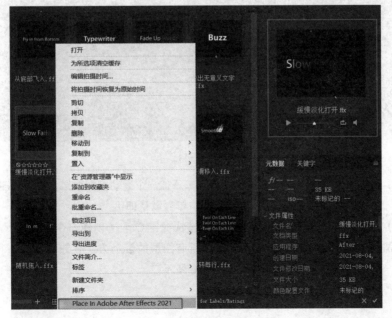

图 4-42

（10）选中文字图层，按键盘上 U 键显示关键帧，通过调整关键帧位置可调节文字出入的速度，如图 4-43 所示。

图 4-43

（11）重复上述步骤（9）、（10），给拼音文字图层添加文字特效，特效选择"划入到中央"，如图 4-44 所示，通过调整关键帧位置调节文字出入的速度。

图 4-44

（12）风车处于运动状态，因此，要给风车添加一个运动模糊效果，执行"RE：Vision Plug.ins"→"RSMB"命令，如图 4-45 所示，参数默认即可。

（13）然后给文字添加一个扫光效果，按快捷键 Ctrl+Y 创建一个固态层，将背景颜色设为纯黑色，命名为"光效"，将其放在所有图层的最上方，在效果窗口执行"Video Copilot"→"Optical Flares"命令，如图 4-46 所示。

图 4-45

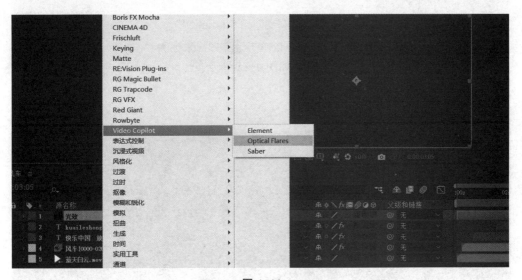

图 4-46

小贴士 Video Copilot 是美国著名 AE 大师 Ander Kramer（简称 AK）个人创办的网站，上面有很多特效实例教程和插件预设等内容；Optical Flares 是一款专为 AE 所推出的专业高级镜头光晕耀斑特效插件，它具有操作方便、效果绚丽、渲染迅速等特点，可以制作逼真的镜头耀斑灯光特效。

（14）执行"Optical Flares"→"Options"命令，进入选项界面，单击"预览浏览器"按钮，会出现多个文件夹，每个文件夹下都有多个光效预设，选择其中的"Conspiracy Presets"文件夹，如图 4-47 所示。

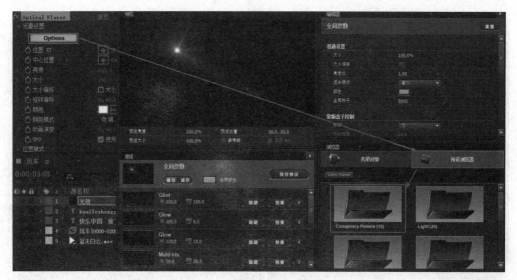

图 4-47

（15）选择一个合适的效果，这里选择"Dis Information"，可以对光效进行大小、亮度的修改，也可以单击  按钮来删除不需要的部分，最后单击"OK"按钮，如图 4-48 所示。

OF 光效调整

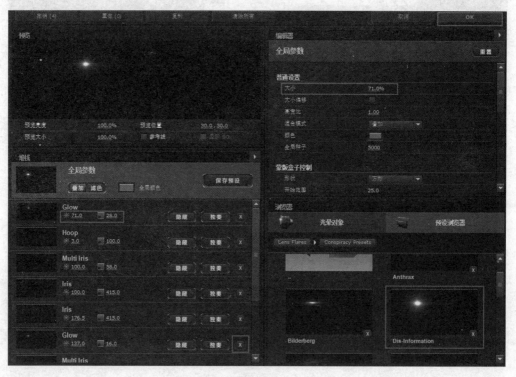

图 4-48

（16）修改"光线"图层的图层混合模式为"屏幕"，做扫光效果，将时间线放在拼音文字出现的位置，拖动 ⊕ 到合适的位置，给"位置"参数打一个关键帧；将时间线拖到 4 s 位置，向右移动，修改"位置"参数的 X 轴数值，形成另一个关键帧，这样光效就会从左移动到右，如图 4-49 所示。

图 4-49

（17）在光效的开始和结束位置，我们将光效的亮度都设为 0，形成光效自然出现和消失效果，给"亮度"参数设置关键帧，开始位置为 0，光效开始运动后，提高为 60；结束运动时将光效再次设为 0，如图 4-50 所示。

光效制作

图 4-50

（18）添加音乐，打开波形图，音乐最后有一个起伏，这时，我们设计一个动画，将风车变大，放大到 115%，如图 4-51 所示，最后按快捷键 Ctrl+Alt+M 输出文件。

图 4-51

小贴士　在进行视频制作时，要注意动画和音乐的节奏配合，让动画的节奏和音乐的节奏一致。

4.4
项目总结

"快乐中国 放飞梦想"文字与画面呼应，中国梦不仅是一个国家的自强梦，更是当代大学生的成才梦，作为传媒人，可以通过我们的作品播撒正能量，燃起人们追梦的激情！这就需要我们在日常学习生活中，自觉将青春梦想与爱国、强国信念融入并内化为自身的价值观，形成对家国情怀、民族团结、社会责任的深刻思考和高度认同。

4.5
拓展学习

布料效果是电视包装设计中的重要表现手法，本案例是为庆祝国庆制作的小片花，在设计时，注重突出"红色印象"；明亮夺目、鲜丽耀眼的红色，沉稳大气的金色，两者进行了恰到好处的比例调节，把节日神圣、喜庆的氛围充分地表达出来（图 4-52）。

国庆片花

图 4-52

制作视频 1

制作视频 2

制作视频 3

4.6 课后测试

课后测试

4.7
任务绩效考核

任务绩效考核表

任务名称		布料风车	学时		4	班级		
学员姓名			实训场地			任务成绩		
学习任务			完成布料风车效果					
考核项目	考核内容	分值	指标说明			自评分（40%）	考评分（60%）	得分
工作业绩	布料标签	10	能添加布料标签，设置固定点；能通过调整参数，制作布料飘动效果					
	效果器使用	20	能给布料添加锥化、膨胀、弯曲等效果器，制作出风车叶片					
	克隆工具	15	能设置放射状克隆，给旋转参数添加关键帧动画，制作风车动画					
	文字特效	5	能安装 Adobe Bridge CC 2021，浏览 AE 自带的文字特效，会给文字添加合适的特效并调整动画的快慢					
	OF 光效	15	能安装 OF 插件，添加合适的光效，并能进行参数的调整					
工作业绩总分		65	工作业绩得分					
考核项目	考核内容	分值	指标说明			自评分（40%）	考评分（60%）	得分
工作表现	视频素材的收集	5	能收集对制作有用的视频素材，并及时、准确地运用到实际工作中提高效率					
	创新能力	5	能取长补短，多角度、全方位思考问题；制作视频时能运用相关知识点，创作出理想的作品					
	执行力	5	严格、高效地完成任务，及时提交作业，延迟提交的扣 5 分					
	协调沟通	5	能及时、主动进行沟通协调，能充分、积极配合其他员工进行工作					
	责任心	5	专注、严谨细致，有耐心、责任感，工作态度不认真扣 3 分，因个人原因造成小组不能如期完成作业的扣 5 分					
	团队配合度	5	守规矩、讲原则、团队协作，无故不服从组长调度扣 5 分					
	遵守纪律	5	迟到、早退情况，每迟到一次扣 1 分，无故缺勤扣 5 分					
工作表现总分		35	工作表现得分					

续表

评语		考核总得分	

学习体会	
制作中遇到的问题	解决方法

模块 3
实景融合

项目5 E3D——怪兽来了

5.1 项目展示

怪兽来了

思维导图

5.2 项目分析

本案例将实拍素材和CG元素合成，营造一种超现实效果。实景融合在实际中应用比较广泛，制作过程中用到了摄像机跟踪、反求技术，还有E3D插件。

知识点 \ 学习目标	了解	应用	重点知识
C4D 导出 OBJ 格式文件	⭐	⭐	
E3D 插件安装		⭐	
摄像机跟踪		⭐	⭐
E3D 插件参数调整	⭐	⭐	⭐
图层混合模式		⭐	

（左侧表头：学习要求）

5.3 项目实施

5.3.1　怪兽动画导入

（1）在 C4D 软件打开"怪兽动画"文件，按快捷键 Ctrl+D 打开工程窗口，将"帧率"设为"25"；按快捷键 Ctrl+B 打开渲染设置窗口，将"帧频"设为"25"，如图 5-1 所示。

图 5-1

（2）按 Alt+ 鼠标左键，旋转模型，设置一个合适的视角，选取其中的一部分动画，设置开始帧为"200 F"，结束为"450 F"，如图 5-2 所示。

（3）执行"文件"→"导出"→"OBJ Sequence Exporter"命令，创建"怪兽序列"文件夹，就可以导出怪兽动画的 OBJ 序列图，如图 5-3 所示。

🎈**小贴士**　导出 OBJ 序列插件：把 OBJ Seqexport 整个文件夹复制到 C4D 安装目录下的 plugins 文件夹下，重启 C4D 即可；或执行"文件"→"导出"→"WaveFront OBJ（*.obj）"命令，在动画选项里面手动设置开始帧和结束帧。

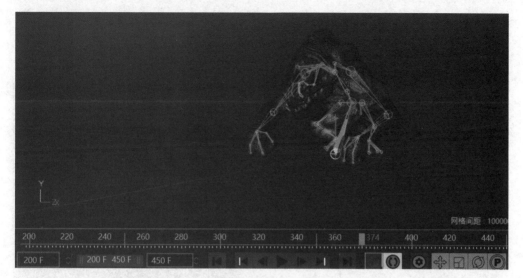

图 5-2

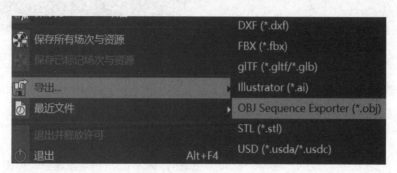

图 5-3

（4）打开 AE 软件，将"背景序列"文件夹下的序列图导入项目窗口，这样，就将背景素材导入；单击项目窗口下方的 按钮，创建"合成"，分辨率选择 1 280×720，"帧速率"设为"25"，持续时间设为 10 s，如图 5-4 所示。

（5）按快捷键 Ctrl+Y 创建一个固态层，命名为"E3D"，背景颜色设为黑色，如图 5-5 所示。

图 5-4

图 5-5

（6）按快捷键 Ctrl+0（数字）打开"E3D"图层的效果窗口，单击鼠标右键，在弹出的右键快捷菜单中执行"Video Copilot"→"Element"命令，创建 E3D 特效，如图 5-6 所示。

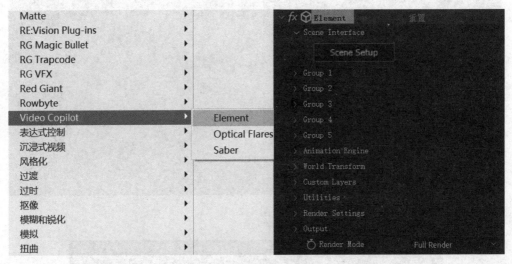

图 5-6

小贴士 E3D 是 Video Copilot 机构出品的强大 AE 三维模型插件，支持 3D 对象在 AE 中直接渲染的引擎。该插件采用 OpenGL 程序接口，支持显卡直接参与 OpenGL 运算。

（7）单击 E3D 特效的"Scene Setup"按钮，进入 E3D 的场景设置，如图 5-7 左图所示；执行"File"→"Import"→"3D Sequence"命令，如图 5-7 中图所示；选择"怪兽序列"文件夹下的怪兽动画的 OBJ 序列图，弹出导入对话框，单击"OK"按钮即可，如图 5-7 右图所示。

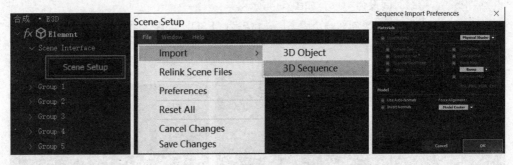

图 5-7

（8）现在模型的位置不正确，选择怪兽模型，单击"Normalize Size"右侧的 ■ 按钮，呈高亮显示后，将模型的尺寸设为正常；将对齐"Alignment"选项设为"Bottom"（底对齐），如图 5-8 所示，这样，模型就有了一个正确的初始状态。

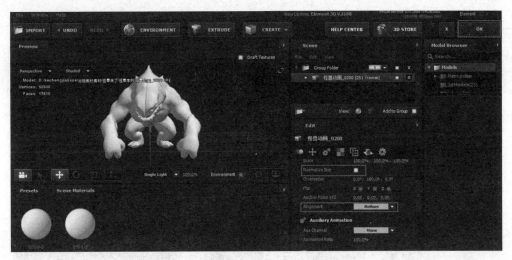

图 5-8

5.3.2　摄像机反求

（1）现在的模型没有材质，我们需要找回模型的材质。选择模型下的"000-0-0"材质，在"Textures"菜单中进行操作，首先是漫反射贴图（Diffuse），如图 5-9 所示，在"怪兽源动画"→"tex"文件夹中选择"T_Perderos_BaseColor"文件，这样就添加了漫反射贴图。

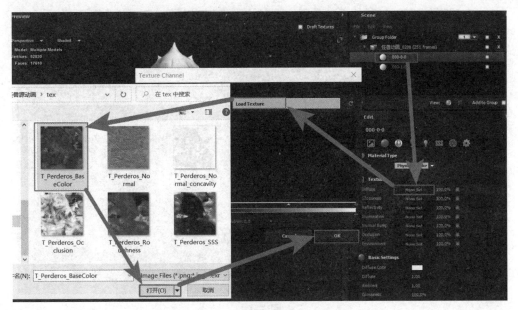

图 5-9

🔥小贴士 OBJ 是模型文件，材质是单独的文件，一个 OBJ 文件无法包含材质；因此，从 C4D 导出的 OBJ 格式文件导入 AE 要找回材质。

（2）重复步骤（1）的操作，添加"Glossiness"（光泽度贴图）、"Normal Bump"（法

线贴图）、"Occlusion"（AO 贴图），如图 5-10 所示。

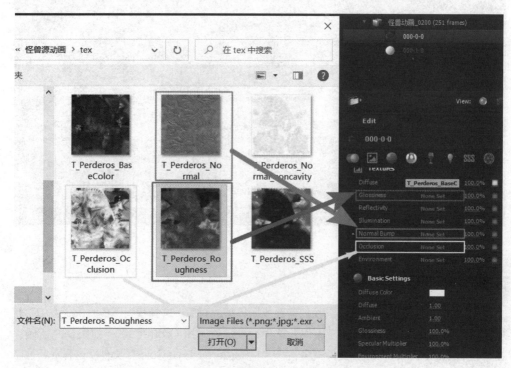

图 5-10

（3）选择"000-1-0"材质，重复步骤（1）、（2）的操作，完成材质找回，如图 5-11 所示。

图 5-11

（4）将背景素材拖到时间线窗口，按快捷键 S，将"缩放"设为 67%，与合成大小一致；在时间线窗口单击 E3D 图层的  图标，关闭图层显示，如图 5-12 所示。

材质找回

图 5-12

（5）进行摄像机跟踪的图层要求与合成大小一致，因此，一般会将图层进行预合成，按快捷键 Ctrl+Shitf+C，命名为"背景"，选择第二个选项"将所有属性移动到新合成"，如图 5-13 所示。

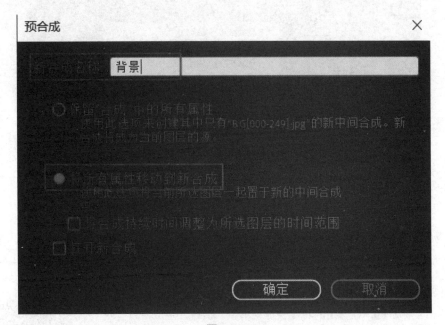

图 5-13

（6）选择"背景"预合成，单击鼠标右键，在弹出的右键快捷菜单中执行"跟踪和稳定"→"跟踪摄像机"命令，进行摄像机跟踪，如图 5-14 所示。

图 5-14

（7）跟踪结束后，选择地面上的跟踪点，单击鼠标右键，在弹出的右键快捷菜单中，先单击"设置地平面和原点"按钮，再单击"创建实底和摄像机"按钮，如图 5-15 所示，就会创建"跟踪实底 1"和"3D 跟踪器摄像机"两个图层。

图 5-15

小贴士　摄像机跟踪"解析失败"原因可能是图层与合成不一致、前后或中间有黑帧、AE 暂存盘已满等原因；如果不出现跟踪点，按快捷键 Ctrl+Shift+H（显示视图控件）即可。

（8）接下来查看跟踪是否正确，选择"跟踪实底 1"，在效果窗口单击鼠标右键，在弹出的右键快捷菜单中，执行"生成"→"网格"命令，修改"跟踪实底 1"的方向和大小，如图 5-16 所示。按 Space 键，看网格是否有滑动现象，如果很稳地贴在地面，说明跟踪成功；如果有滑动，重复步骤（6）、（7）。

摄像机跟踪设置

图 5-16

5.3.3 实景融合

（1）将"跟踪实底 1"隐藏，显示并选择"E3D"图层，在效果窗口执行"Element" →
"Group1" → "Group Utilities" → "Create Group Null"命令，单击 [Create] 按钮，创
建一个空对象"Group1 Null"，如图 5-17 所示。

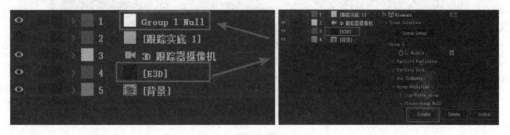

图 5-17

小贴士 E3D 中模型位置的修改是先创建一个空对象，通过调整这个空对象的位置来
调整 E3D 模型的位置。

（2）将"跟踪实底 1"图层的位置信息复制给"Group1 Null"图层的位置，如图 5-18
所示，模型有一个正确的位置。

（3）修改"Group 1 Null"图层的位置、缩放和旋转方向，选择
一个合适的位置，如图 5-19 所示，注意在调整的过程中，不要移动
Y 轴的位置，以免偏离地面。

（4）选择"E3D"图层，单击"Element"中的 [Scene Setup] 按
钮，进入场景设置界面，单击"CREATE"图标，创建一个地面；修改

怪兽位置调整

"Scale"的参数，设置地面的大小，如图 5-20 所示，该地面将接受"怪兽"产生的投影和阴影。

图 5-18

图 5-19

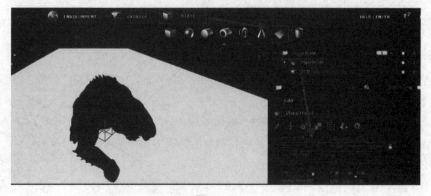

图 5-20

小贴士　地面要设得足够大，这样即使模型运动幅度大，地面也能全部接受模型的投影，不会出现投影缺失。

（5）地面不需要可见，选择地面默认材质下的高级选项按钮 ⚙，单击"Matte Shadow"选项右侧的■按钮，如图 5-21 所示，按钮将呈高亮显示，地面隐藏。

图 5-21

（6）给怪兽模型添加阴影效果，这样更有立体感，执行"Element"→"Render Settings"→"Ambient Occlusion"命令，勾选"Enable AO"复选框，开启环境吸收，改善细节，尤其是暗部阴影，增强空间的层次感、真实感；"AO Mode"选项中设置为"Ray-Traced"（光线追踪模式），参数调整如图 5-22 所示。

图 5-22

（7）为了使效果更加逼真，还要有周围环境的反射，执行"Element"→"Render Settings"→"Physical Environment"→"Override Layer"命令，图层选择"背景"，这样就添加了一个物理环境，调整环境灯光影响"Lighting Influence"的参数为"30%"，再修改"Rotate Environment"选项下 X、Y、Z 轴的角度，获得最好的反射效果，参数如图 5-23 所示。

图 5-23

（8）当前的真实环境是阳光比较强烈的中午，周围的物体都有比较明显的投影，因此，我们也要模拟出投影效果，如果要有投影，需要先设置灯光，执行"Element"→"Render Settings"→"Lighting"→"Add Lighting"命令，设置为"Sun"（与视频的环境一致），参数调整如图 5-24 所示。

怪兽阴影和环境反射

图 5-24

（9）在 E3D 中设置灯光后，还要创建灯光（按快捷键 Ctrl+Alt+Shift+L），灯光类型选择"聚光"，颜色设为淡黄色，强度为"200%"，这些设置都是为了与背景素材的自然光吻合，其他参数调整如图 5-25 所示。

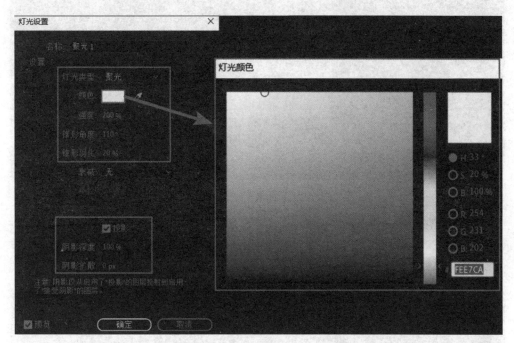

图 5-25

（10）先将聚光灯的目标和位置都归零，同时在 E3D 中开启投影：执行"Element"→"Render Settings"→"Shadows"命令，勾选"Enable"复选框，调整灯光的位置，获得正确的投影，调整时可借助"自定义视图"，参数如图 5-26 所示。

灯光和投影制作

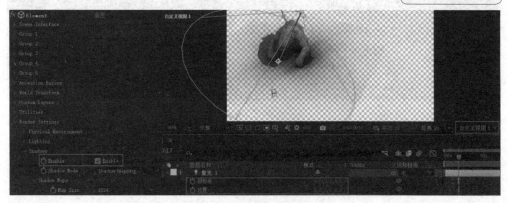

图 5-26

（11）将视图改为"活动摄像机视图"，地面就有了投影，执行"Element"→"Render Settings"→"Shadows"→"Shadow Maps"命令，将"Blur Radius"设为"5.00"，投影边缘的模糊程度变大，可以与背景更好地融合，如图 5-27 所示。

图 5-27

（12）现在投影效果还需要加强，选择"聚光 1"，按快捷键 Ctrl+D 复制一个灯光，我们只需要它产生的阴影，因此，将它的强度设为"0%"，这样地面的投影效果就与背景视频中的效果吻合，如图 5-28 所示。

图 5-28

（13）添加一个"曲线"效果，根据周围的环境，将红色通道下压，绿色通道挑高，怪兽能更好地反射周围的颜色；在 E3D 的场景设置中，将怪兽的 Y 轴位置下降 0.04，更好地贴合地面，如图 5-29 所示。

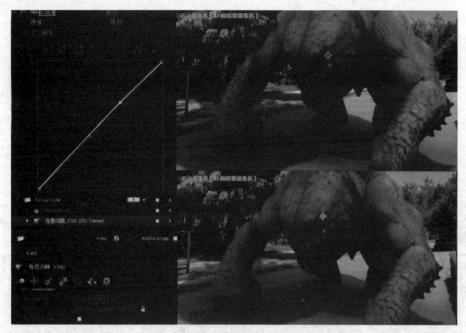

图 5-29

5.3.4　地面塌陷效果

（1）在项目窗口双击或按快捷键 Ctrl+I，导入素材"地面塌陷.mov"，在时间线上，将素材移动到合适的时间，怪兽走动时，出现塌陷效果；"地面塌陷"素材要与画面保持同步运动，画面运动，素材也要运动，因此，要将它的位置与"跟踪实底 1"图层的位置进行捆绑，"跟踪实底 1"图层是三维图层，"地面塌陷"图层也要设为

塌陷素材跟踪

三维图层，在时间线窗口中，选择"地面塌陷"图层，在"3D 图层"开关对应的图层位置单击，出现 图标，"地面塌陷"图层就具备了三维属性；选择位置的属性关联器 ◎⚬，按住鼠标左键拖曳到"跟踪实底 1"图层的位置属性，如图 5-30 所示，按 Space 键查看效果时，"地面塌陷"图层将与背景视频同步运动。

图 5-30

（2）现在"地面塌陷"图层的位置是错误的，接下来要将它调整到合适的位置，调整之前，先修改"地面塌陷"图层的混合模式为"相乘"；添加"曲线"效果，调整曲线，把"地面塌陷"图层→"材质选项"的"接受阴影"和"接受灯光"都关掉，这样素材就与地面贴合在一起了，如图 5-31 所示。

塌陷素材位置调整

图 5-31

（3）调整"地面塌陷"图层的锚点（A）、缩放（S）和选择方向（R），如图 5-32 所示，将地面塌陷效果放到合适的位置。

图 5-32

　　小贴士 "地面塌陷"位置关联属性后，位置属性就不能修改了，我们可通过修改锚点属性的方式修改图层的位置。

　　（4）怪兽有运动，就要添加运动模糊，选中"E3D"图层，在效果控制窗口添加RSMB（运动模糊），参数为默认，如图5-33所示，最后添加音效就可以导出了。

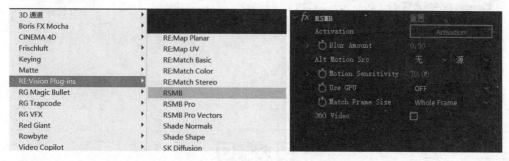

图 5-33

5.4

项目总结

　　本项目案例是实景融合的第一个案例，并不复杂，但它需要C4D、AE、E3D等多个软件和插件的配合，主要是帮同学们理解摄像机反求，掌握实拍素材与CG元素进行合成的技术点，为后面的学习打好基础。

RIZHAO 城市景观

5.5

拓展学习

　　"我为我的家乡代言"，运用 E3D 插件及插件提供的素材（图 5-34），发挥创意，制作一段现代都市场景短视频。

图 5-34

Element 插件城市包
安装步骤

制作视频 1

制作视频 2

制作视频 3

5.6 课后测试

课后测试

5.7 任务绩效考核

任务绩效考核表

任务名称	怪兽来了		学时	4	班 级	
学员姓名			实训场地		任务成绩	
学习任务	完成"怪兽来了"案例并发挥创意，制作一段实景融合短视频					

考核项目	考核内容	分值	指标说明	自评分（40%）	考评分（60%）	得分
工作业绩	C4D 导出 OBJ 格式文件	5	能安装 OBJ 导出插件，并正确导出 OBJ 格式文件			
	E3D 插件安装	10	能独立安装 E3D 插件，正确导入素材并进行基础调整			
	摄像机跟踪	15	能根据视频素材进行摄像机跟踪，并正确设置原点和平面			
	E3D 插件参数调整	20	了解 E3D 参数的意思，能根据项目需要正确调整参数，如设置空对象调整素材的位置；能进行灯光重建；能调出投影和阴影			
	图层混合模式	5	会根据项目需要正确设置图层的混合模式			
工作业绩总分		55	工作业绩得分			

续表

考核项目	考核内容	分值	指标说明	自评分（40%）	考评分（60%）	得分
工作表现	对职业有正确认识	10	对职业有客观认识，对自己的职业发展有初步的规划			
	创新能力	5	能取长补短，多角度、全方位思考问题；能在制作视频中运用相关知识点，创作出理想的作品			
	执行力	10	严格、高效地完成任务，及时提交作业，延迟提交作业的扣5分			
	协调沟通	5	能及时、主动进行沟通协调，能充分、积极配合其他员工进行工作			
	责任心	5	专注、严谨细致，有耐心、责任感，工作态度不认真扣3分，因个人原因造成小组不能如期完成作业的扣5分			
	团队配合度	5	守规矩、讲原则、团队协作，无故不服从组长调度扣5分			
	遵守纪律	5	迟到、早退情况，每迟到一次扣1分，无故缺勤扣5分			
工作表现总分		45	工作表现得分			
评语				考核总得分		

学习体会	
制作中遇到的问题	解决方法

项目6 | 快乐的小球

6.1 项目展示

快乐的小球

思维导图

6.2 项目分析

　　本案例是实拍合成类效果，小球从台阶滚落下来，加入小球这样的 CG 元素，使原来很普通的素材变得活泼、生动起来，制作过程中要进行场景的重建及周围环境的搭建，渲染输出及后期合成的处理都很典型。

知识点＼学习目标	了解	应用	重点知识
摄像机解析		⭐	
坐标系重建		⭐	⭐
场景重建		⭐	⭐
环境搭建		⭐	⭐
实景三维合成		⭐	⭐
发射器调整		⭐	

（学习要求）

6.3 项目实施

6.3.1 摄像机解析

（1）打开 C4D 软件，按快捷键 Ctrl+D 打开工程设置，将"帧率"设为"25"；按快捷键 Ctrl+B 打开渲染设置，在输出选项，将"图像分辨率"设为"1 920×1 080 像素"，"帧频"设为"25"，如图 6-1 所示。

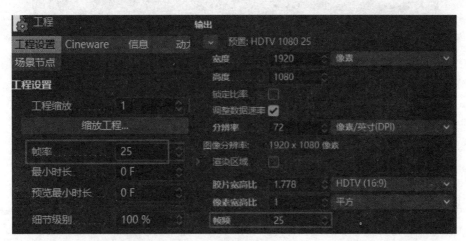

图 6-1

（2）执行"跟踪器"→"运动跟踪"→"影片素材"→"素材设置"→"影片素材"命令，单击 ▇▇ 按钮，将准备好的素材导入，如图 6-2 所示。

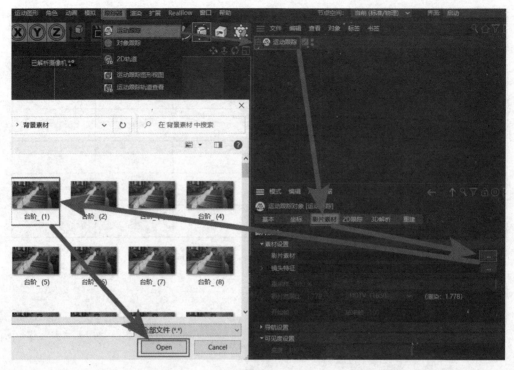

图 6-2

（3）将"重采样"提高到"100%"，重采样值越高影片画质越好，跟踪也越稳定，如图 6-3 所示。

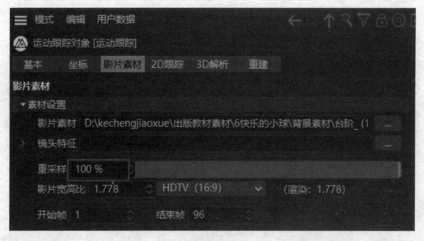

图 6-3

（4）设置跟踪参数，在"2D 跟踪"→"自动跟踪"选项，将"跟踪轨数量"设为"3 000"，"最小间距"设为"10"；在"2D 跟踪"→"选项"里将"默认搜索尺寸"设为"200"；再回到"自动跟踪"选项，单击"自动跟踪"按钮，如图 6-4 所示，进行跟踪。

小贴士 如果素材里环境比较复杂或时间长，可以适当减小跟踪轨数量和默认搜索尺寸数值。

图 6-4

（5）跟踪结束后，执行"3D 解析"→"运行 3D 解析器"命令进行 3D 解析，解析成功后屏幕上会出现很多的跟踪点和摄像机，如图 6-5 所示。

图 6-5

🖌️**小贴士**　红色代表跟踪不太稳定；绿色代表跟踪较为稳定；如果跟踪的绿色的点太少，将不利于坐标系的重建，此时可重复上述步骤（4）和（5），将步骤（4）中的参数调高，获得较多的点。

6.3.2　场景重建

（1）摄像机解析完成后创建约束，进行坐标系的重建，选择"运动跟踪"，单击鼠标右键，在弹出的右键快捷菜单中添加"跟踪标签"，先进行平面约束，后面依次是位置约束、矢量约束，如图 6-6 所示。

图 6-6

小贴士 创建约束，要先切换至"已解析摄像机模式"。

（2）创建平面约束，确定 3D 对象放置的面，在屏幕中选 3 个点（一般为绿色的点）作为一个平面，将平面约束的轴心更改为 Y 轴，如图 6-7 所示，播放一下，查看 3 个点是否有滑动现象，如果没有，则为正确。

创建约束

图 6-7

（3）创建位置约束，即重新定义了坐标原点，如图 6-8 所示。

图 6-8

（4）单击"创建矢量约束"按钮，确定 3D 对象朝向，拖动两个点到合适的位置，创建出一条轴线，在属性面板把"轴心"改为"X"，"长度"改为"已知"，如图 6-9 所示。

图 6-9

（5）创建一个立方体，大小为默认值，立方体会出现在设置的坐标原点上。通过修改矢量约束的长度，可以确定合适的模型显示比例，长度为 1 000 cm 时，模型显示太小；当修改为 300 cm 时，模型大小合适，这个数值可以根据场景需要进行修改，如图 6-10 所示。

图 6-10

（6）CG 小球沿台阶滚落，需要把整个楼梯重建，这样小球才能与楼梯进行动力学交互。先进行楼梯台阶的重建，我们用创建的立方体重建楼梯，按快捷键 C，将立方体变成可编辑对象，为了创建时方便查看，选择"透显"选项，将立方体的轴心重新定位，定位在一个顶点上，执行"网格"→"轴心"→"轴对齐"命令，将 X、Y 设为"-100%"；Z 设为"100%"，如图 6-11 所示。

图 6-11

（7）将立方体的 X、Y、Z 轴位置归零，立方体的顶点就与原点对齐，如图 6-12 所示。

图 6-12

小贴士，鼠标右键单击属性参数右侧的向上箭头 ▣，可以将数值归零。

（8）切换到模型模式，选择缩放工具，修改立方体的大小与最近的台阶大小一样，如图 6-13 所示。

（9）切换到面模式，将其他的面删除，只保留最底下的面，如图 6-14 所示。

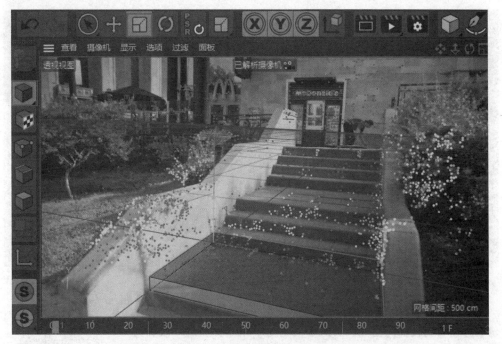

图 6-13

图 6-14

（10）切换到边模式，选择最上方的边，单击鼠标右键，在弹出的右键快捷菜单中选择
"挤压"，将所有参数都归零，单击"新的变换"按钮，将创建新的线和面，如图 6-15 所示。

图 6-15

（11）沿着台阶方向，执行"挤压"命令创建出楼梯，退出摄
像机可以看到楼梯的全貌，如图 6-16 所示，将"立方体"改名为
"楼梯"。

楼梯重建

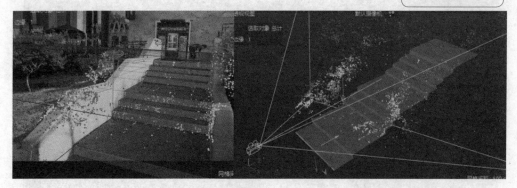

图 6-16

小贴士　如果前面坐标系重建正确，在重建楼梯时，它的透视就是正确的；如果不正
确，需要重新进行位置、平面约束。

（12）完成楼梯的重建后，进行两个扶手的制作。复制"楼梯"，将复制的模型重命名
为"扶手 1"，切换到面模式，只保留一个面，将其他的面删除，如图 6-17 所示。

（13）切换到边模式，选择靠近扶手的边，使用"挤压"命令将所有参数都归零，单击
"新的变换"按钮，如图 6-18 所示。

（14）挤压的方向向上，创建出新的面和线，将原来的面删除，选择一侧的边，按快捷
键 D，使用"挤压"命令，沿楼梯方向将扶手 1 创建完成，如图 6-19 所示。

图 6-17

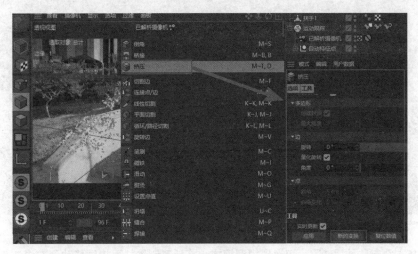

图 6-18

图 6-19

（15）切换到面模式，选择"扶手 1"中所有面，单击鼠标右键，在弹出的右键快捷菜单中选择"挤压"选项，勾选"创建封顶"复选框，单击"新的变换"按钮，随着鼠标的移动将创建出左边扶手，如图 6-20 所示。

扶手重建

图 6-20

（16）复制"扶手 1"，切换到模型模式，将新复制的扶手模型移动到右边，与原视频中右边的楼梯重合，整个楼梯的重建完成；将楼梯和两个扶手的透显都关掉，查看效果，如图 6-21 所示，右图是退出摄像机的视图。

图 6-21

6.3.3　环境搭建

（1）CG 小球与环境融合，需要反射周围的环境才能更加真实，现在场景中只有一个楼梯，我们要搭建一个环境，让小球反射的环境尽可能接近真实环境，我们先用单个小球来演示，新建一个球体，将"半径"设为"70 cm"，"分段"设为"80"，将其移动到一个合适的位置，设置如图 6-22 所示。

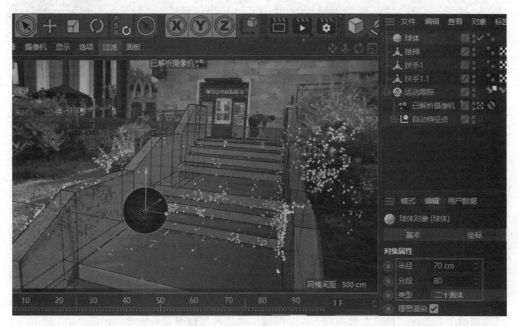

图 6-22

（2）小球与楼梯碰撞要有形变，选择工具栏 中的"碰撞"变形器 选项，效果器作为球体的子级，将楼梯和两个扶手拖曳到"碰撞"变形器的"碰撞器"→"对象"选项，同时将"解析器"选项设为"外部（体积）"，如图 6-23 所示，球体就有了变形效果。

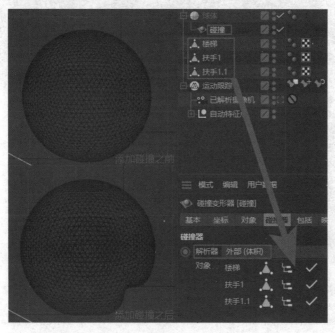

图 6-23

（3）现在制作小球的投影，选择工具栏  中 物理天空 选项，C4D 中物理天空可模拟真实的天空，使用旋转工具可调整物理天空照射角度，按快捷键 Ctrl+B，在渲染设置中打开"全局光照"，按快捷键 Ctrl+R 进行快速渲染，可以看到小球产生了一个投影，投影的方向与实拍视频中的投影方向一致，如图 6-24 所示。

物理天空调整

图 6-24

（4）小球要反射周围的环境，如楼梯、周围楼房等自然环境，但现在的楼梯还没有材质，因此要先给楼梯和扶手添加材质。在材质窗口双击，创建一个新材质，双击材质打开材质编辑器，只勾选"颜色"复选框，在"纹理"选项选择背景素材文件，如图 6-25 所示。

图 6-25

（5）单击纹理文件，弹出新窗口，选择"动画"选项，单击"计算"按钮，计算出开始帧和结束帧，这是按照帧频来计算的，帧频的数值要与工程设置及渲染设置中的帧频一致，否则会出现错帧，如图 6-26 所示。

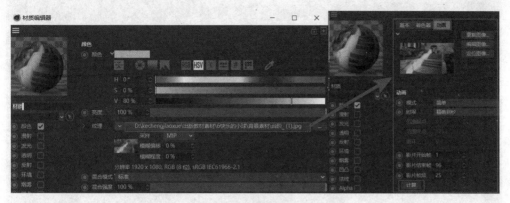

图 6-26

（6）然后提高材质的清晰度，在材质编辑器中单击"视窗"按钮，勾选"动画预览"复选框，将"纹理预览尺寸"设为"1 024×1 024（4 MB）"，如图 6-27 所示。

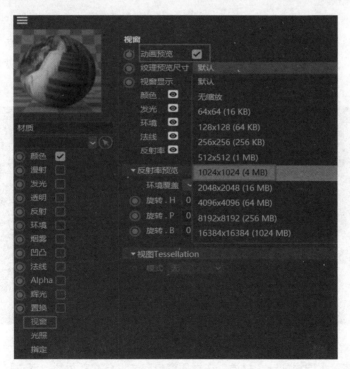

图 6-27

（7）将材质赋给楼梯，单击材质标签，将"投射"改为摄像机贴图方式，将"已解析摄像机"拖曳到"摄像机"选项，修改"影片比例"为 16∶9，如图 6-28 所示，即为楼梯添加了材质。

摄像机贴图

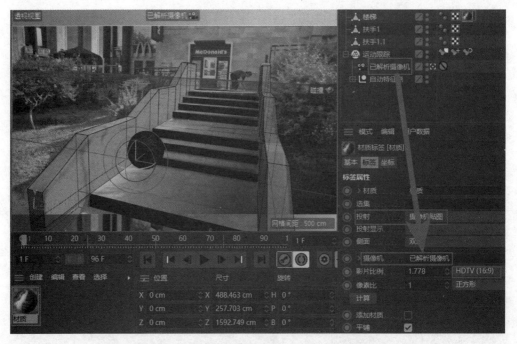

图 6-28

（8）选择楼梯的材质，按住 Ctrl 键，用鼠标左键将材质拖曳给两个扶手，就可以进行材质的复制，将楼梯和两个扶手的透显去掉，如图 6-29 所示，这样，就创建了整个楼梯的环境。

图 6-29

（9）现在给小球添加一个材质，在材质窗口双击，创建新材质，双击材质打开材质编辑器，在"颜色"处将颜色修改为紫色；勾选"反射"复选框，添加"反射（传统）"；在弹出的反射窗口中，将"纹理"修改为"菲涅耳"，将层 1 的强度修改为 30%，降低了反射强度，参数设置如图 6-30 所示。

图 6-30

（10）复制球体，将新的球体放大，放到合适的位置；选择紫色材质，按住 Ctrl 键，鼠标左键拖曳复制该材质，修改颜色，将这个材质赋给新复制的小球，按快捷键 Ctrl+R，渲染如图 6-31 所示。

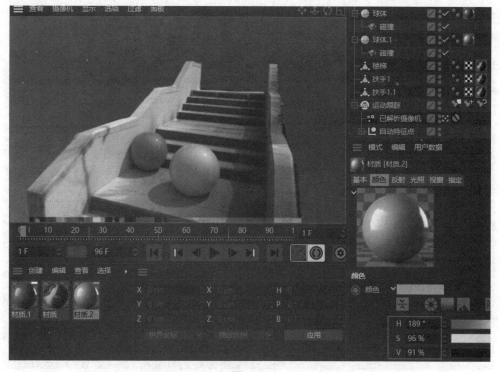

图 6-31

（11）从渲染视图中可以看到，小球会反射周围环境，现在只反射了楼梯环境，周围的楼房等环境都没有体现，我们可以添加一个足够大的球体，给球体赋上一个与视频中环境相似的 HDR 材质，模拟周围的环境，将创建的球体"半径"设为"1 300 cm"，要包含整个楼梯，如图 6-32 所示，将球体透显，退出摄像机查看效果更明显。

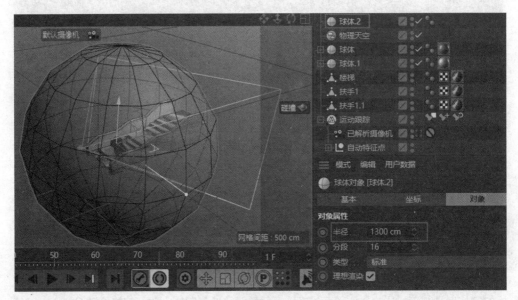

图 6-32

（12）在材质窗口双击，创建新材质，只勾选"发光"复选框，添加一个 HDR 材质，将该材质赋给大球，按快捷键 Ctrl+R 进行快速渲染并查看，看到 2 个球体反射了周围楼房，有了更丰富的细节，如图 6-33 所示。

图 6-33

小贴士　这个大球的 HDR 模拟周围的环境，是为了让小球反射的细节更丰富和更逼真。

（13）给大球添加"合成"标签，取消勾选"投射投影""接收投影""全局光照可见"复选框；按快捷键 Ctrl+B 打开渲染设置，添加"全局光照"和"环境吸收"，将"全局光照"的预设修改为"外部－物理天空"，"采样"设为"中"，按快捷键 Ctrl+R 进行快速渲染，效果如图 6-34 所示，小球的反射细节明显增多，投影也有了改善。

周围环境反射

图 6-34

（14）在实拍视频中，楼梯两边还有树木，这些细节需要反射到小球上，所有需要添加树木模型，打开素材文件"C4D 树木"，选择一个树木的模型，复制到快乐小球文件，如图 6-35 所示。

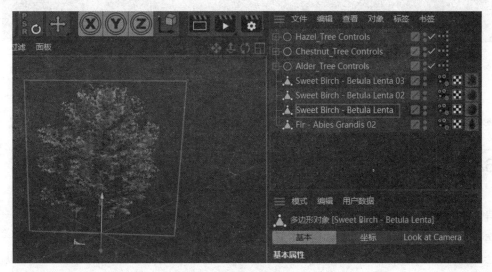

图 6-35

（15）复制出两个树木模型，将其调到合适的位置，按快捷键 Ctrl+R 进行快速渲染，效果如图 6-36 所示，小球给出了树木的反射。

图 6-36

（16）现在周围的环境搭建基本完成，接下来输出文件，在 AE 中进行 CG 小球的实景融合。给两个小球"球体""球体 1"添加"合成"标签，开启"对象缓存"；按快捷键 Ctrl+B，在渲染设置的多通道添加"对象缓存"和"投影"，设置如图 6-37 所示，按快捷键 Shift+R 渲染输出一帧画面。

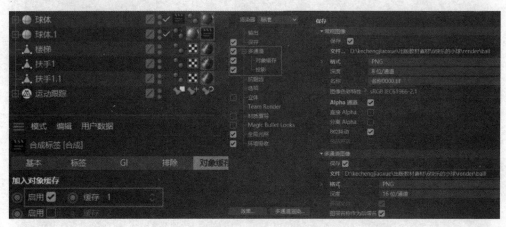

图 6-37

🌱小贴士　添加了多通道效果，在输出保存时，除了勾选常规图像的保存，还要设置多通道图像的保存。

对象缓存输出

6.3.4　后期合成

（1）打开 AE 软件，在项目窗口导入背景序列帧（台阶）、C4D 导出的小球素材及对象缓存文件（_object）和投影文件（_shadow），选择背景序列帧（台阶），按住鼠标左键拖曳到项目窗口下方的 🎞 按钮，会自动创建一个相同名字的合成，在这个合成中，将小球文件 ball0001.png 和它的对象缓存文件（balll_object_1_0001.png）进行亮度遮罩，提取出小球，如图 6-38 所示。

图 6-38

（2）将小球的投影文件（ball_shadow0001.png）和对象缓存文件（ball_object_1_0001.png）进行亮度反转遮罩，同时将 ball_shadow0001.png 图层的混合模式改为"相乘"，调出小球的投影，如图 6-39 所示。

图 6-39

小贴士　现在的投影除有小球的投影外，还有楼梯自身的投影和树木的投影，而后面的两个投影是我们不需要的，需要去除。

（3）回到 C4D 软件，给两个树木模型添加"合成"标签，取消勾选"投射投影""摄像机可见"复选框，如图 6-40 所示，这样树木就不再产生投影，小球的反射不受影响。

图 6-40

（4）楼梯的投影是楼梯自身受到光照产生的投影，去掉本体投影即可去除，首先需要将楼梯和两个扶手合成一个模型，全选后，单击鼠标右键，在弹出的右键快捷菜单中选择"连接对象 + 删除"，合成一个模型"楼梯"，合成后材质也会跟着过来，将多余的摄像机贴图材质删除，只保留一个，这里不需要选集，因此将选集里的文字删除，如图 6-41所示。

图 6-41

（5）给"楼梯"添加合成标签，取消勾选"本体投影"复选框，如图 6-42 所示，整个楼梯将不再产生投影，按快捷键 Shift+R，重新渲染输出，输出时文件重新命名。

楼梯投影处理

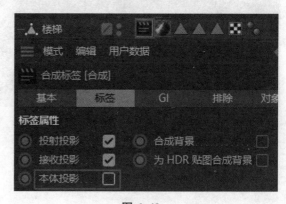

图 6-42

（6）将重新渲染的文件导入 AE 软件进行素材的替换，如图 6-43 所示，楼梯自身的投影和树木的投影问题即可得到解决。

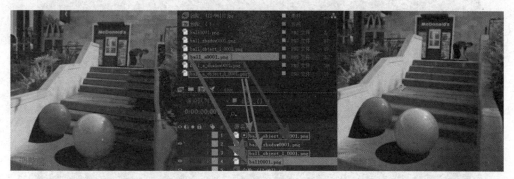

图 6-43

小贴士　素材替换方法：在时间线窗口选择被替换的素材，在项目窗口选择替换后的素材，按 Alt+ 鼠标左键，将素材从项目窗口拖曳到时间线窗口的素材图层上，完成素材的替换；在项目窗口，选择某个素材，按快捷键 Ctrl+H，可以将当前素材替换为其他素材。

（7）这时的小球投影没有层次，需要改善一下小球的投影效果。回到 C4D 文件，取消勾选两个小球的合成标签中的"摄像机可见"复选框，如图 6-44 所示，按快捷键 Shift+R 重新渲染输出，输出时文件需要重新命名，这样就单独渲染出阴影效果了。

图 6-44

（8）将导出的阴影文件导入 AE 软件，阴影文件和缓存文件进行"亮度反转遮罩"，将阴影调出来，这样，阴影和楼梯的连接处就有了比较好的层次，如图 6-45 所示。

（9）现在阴影的边缘太清晰了，需要柔和一些。选择阴影文件，添加"高斯模糊"效果，将"模糊度"设为"15.8"，如图 6-46 所示，这样，阴影效果比较自然，到这里，就完成了单个 CG 小球与视频素材的融合。

改善阴影效果

图 6-45

图 6-46

6.3.5　多个小球制作

（1）项目案例中是多个小球的效果，我们用发射器完成多个小球的效果。在菜单栏执行"模拟"→"粒子"→"发射器"命令，利用"移动"按钮 ➕、"缩放"按钮 🔳 和"旋转"按钮 ⭕ 将发射器放到合适的位置，如图 6-47 所示。

图 6-47

（2）现在需要用粒子发射器发射小球。新建一个小球，将"半径"设为"25 cm"，"分段"设为"30"，将小球拖曳给发射器作为发射器的子级，在"发射器"→"粒子"选项下勾选"显示对象"复选框，发射器就可以发射小球了，如图 6-48 所示。

图 6-48

（3）小球发射时部分小球会乱走，这时需要将楼梯的面积增加。切换到面模式，选择楼梯最外面的边，按快捷键 D，执行"挤压"命令，将所有参数归零，单击"新的变换"按钮，将楼梯扩展，效果如图 6-49 所示。

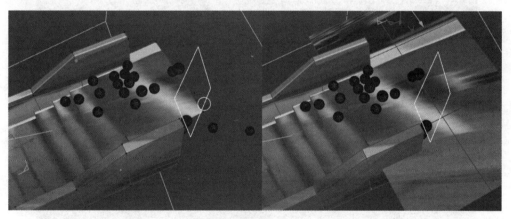

图 6-49

（4）添加一个遮挡板，新建一个立方体，单击"缩放"按钮 ▦ 将立方体修改为一个薄板，使用"移动"按钮 ✛ 和"旋转"按钮 ⟳ 将薄板放置到合适的位置，给立方体添加为"碰撞体"，与小球发生碰撞；添加合成标签，取消勾选"摄像机可见"复选框，如图 6-50 所示，渲染时遮挡板不可见，只起到碰撞反弹作用即可。

（5）调整小球的大小和发射速度，执行"发射器"→"粒子"命令，将粒子的"速度"设为"400 cm"，变化设为"20%"，小球的发射速度发生变化；将"终点缩放"的变化值设为"60%"，小球大小发生变化，如图 6-51 所示。

（6）将发射器的"编辑生成比率"和"渲染生成比率"都调整为"8"，"投射起点"提前，

楼梯延伸和
遮挡板制作

设为"–150 F",相应的时间线开始位置也要修改为"–150 F",视频还没开始,小球已经发射了;将"投射终点"设为"50 F",如图 6-52 所示。

图 6-50

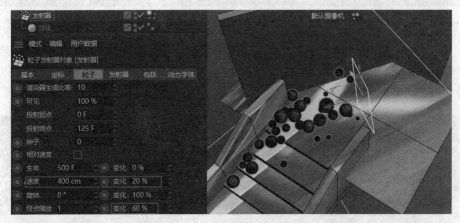

图 6-51

图 6-52

小贴士　将投射起点提前，这样，当运行到 0 帧时，楼梯上就已经有了很多生成的小球，改善整体效果。

（7）给小球添加材质，复制多个小球，并赋不同的材质，可以增加小球的颜色，如图 6-53 所示。

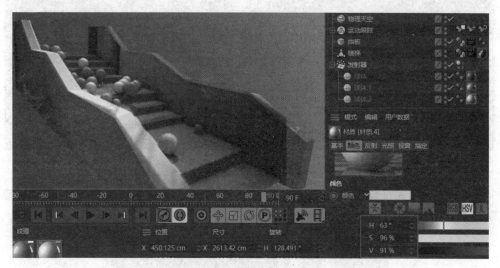

图 6-53

（8）修改发射器和楼梯的"碰撞"选项的"反弹"和"摩擦力"数值，如图 6-54 所示，可以影响小球下落的快慢及小球的弹跳效果。

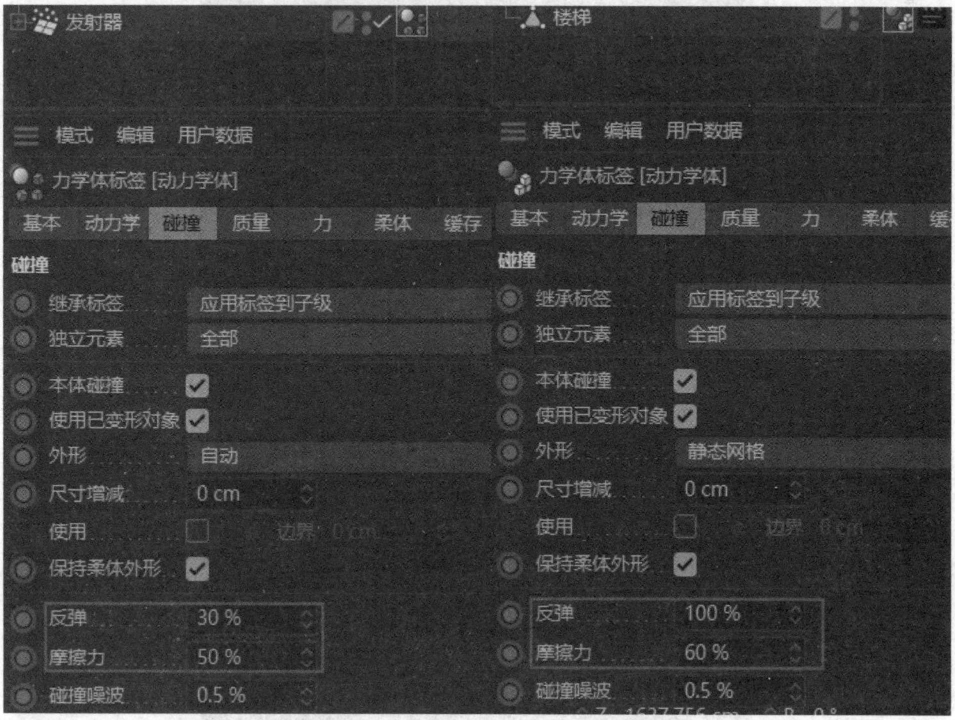

图 6-54

（9）小球需要单独渲染，给小球添加合成标签，启用"对象缓存 1"，按快捷键 Ctrl+B 打开渲染设置，多通道添加"对象缓存"和"投影"，如图 6-55 所示。

图 6-55

（10）设置保存位置，勾选保存合成方案文件，会生成一个 aec 文件，按快捷键 Shift+R，渲染输出全部帧，如图 6-56 所示。

图 6-56

（11）选择发射器，修改合成标签，取消勾选"摄像机可见"复选框，按快捷键 Ctrl+B 打开渲染设置，重新命名保存文件，如图 6-57 所示，按快捷键 Shift+R 进行渲染输出，可以得到阴影文件。

图 6-57

（12）将 C4D 导出的 aec 文件拖曳到 AE 的项目窗口，aec 文件保存了 C4D 里摄像机等数据，打开自动创建的"ball"合成，将背景素材导入并放到合成最下面，将运动小球序列和对象缓存进行图层亮度遮罩，提取出运动小球，如图 6-58 所示。

图 6-58

（13）导入渲染的阴影文件，将运动小球阴影文件序列和对象缓存进行图层亮度反转遮罩，显示出阴影，如图 6-59 所示。

多小球合成

图 6-59

（14）调整阴影的边缘，给阴影的对象缓存文件添加"高斯模糊"，将"模糊度"设为"10.0"，如图 6-60 所示，阴影边缘柔和。

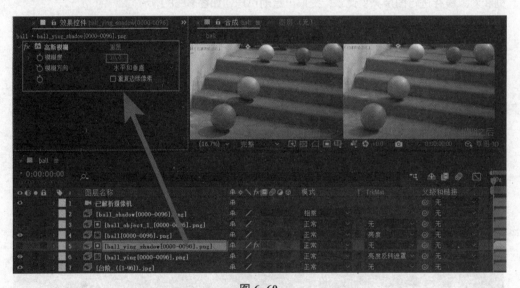

图 6-60

（15）对小球进行最后的调整，添加锐化效果，将"锐化量"设为"10"，增加小球细节，添加"曲线"和"色相/饱和度"，调整小球的亮度和色度，参数设置如图 6-61 所示。

（16）小球是运动的，要有运动模糊效果，使用 RSMB 运动模糊插件，将模糊数量设为 0.8，如图 6-62 所示，现在所有效果都完成了，按快捷键 Ctrl+M 输出文件。

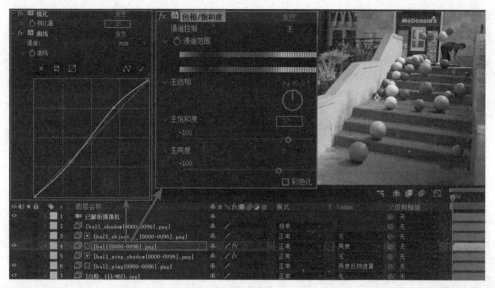

图 6-61

图 6-62

6.4

项目总结

　　本案例是 CG 元素与视频素材合成效果，重点是场景重建，有了场景，CG 元素才能更灵活地与画面中的元素进行交互，接下来的环境搭建、渲染输出及后期的合成都需要大家在理解的基础上进行制作。掌握了 CG 与视频的合成，就可以进行更多样化的创作，可以把类似的画面放到校园、宿舍等熟悉的环境，当你完成这样的效果，成就感油然而生，发现美、发现生活中的乐趣。

6.5 课后测试

课后测试

6.6 任务绩效考核

任务绩效考核表

任务名称	快乐的小球		学时	6	班 级	
学员姓名			实训场地		任务成绩	
学习任务	完成快乐的小球案例					

考核项目	考核内容	分值	指标说明	自评分（40%）	考评分（60%）	得分
工作业绩	摄像机解析	5	能正确解析摄像机			
	坐标系重建	10	会正确进行平面、位置和矢量约束			
	场景重建	10	能完成楼梯和左右 2 个扶手的重建			
	物理天空	5	能调整物理天空，形成正确的投影			
	摄像机贴图	5	会为楼梯添加贴图，进行摄像机贴图的设置			
	环境搭建	10	能添加 HDR 和树木，增加环境反射细节			
	CG 小球与环境的合成	10	能理解 CG 合成的流程，正确运用图层遮罩提取元素，完成正确的实景融合操作			
	发射器调整	5	能正确调整发射器位置和参数，以及设置动力学，制作多个小球滚落效果			
	多个小球的合成	10	会进行多个小球的分层渲染，并进行正确的后期合成			
	工作业绩总分	70	工作业绩得分			

考核项目	考核内容	分值	指标说明	自评分（40%）	考评分（60%）	得分
	创新能力	5	取长补短，多角度、全方位思考问题；能在制作视频中运用相关知识点，创作出理想的作品			
	执行力	5	严格、高效地完成任务，及时提交作业，延迟提交作业的扣 5 分			
	协调沟通	5	能及时、主动进行沟通协调，能充分、积极配合其他员工进行工作			
	责任心	5	专注、严谨细致，有耐心、责任感，工作态度不认真扣 3 分，因个人原因造成小组不能如期完成作业的扣 5 分			
	团队配合度	5	守规矩、讲原则、团队协作，无故不服从组长调度扣 5 分			
	遵守纪律	5	迟到、早退情况，每迟到一次扣 1 分，无故缺勤扣 5 分			
工作表现总分		30	工作表现得分			
评语				考核总得分		

学习体会	
制作中遇到的问题	解决方法

项目7 | 疯狂毛发人

7.1 项目展示

疯狂毛发人

思维导图

7.2 项目分析

　　本案例仍然是实景融合的小案例，涉及人物模型制作、借助第三方进行动作制作及毛发材质的添加、毛发颜色修改、灯光设置和渲染等内容。

学习要求	知识点＼学习目标	了解	应用	重点知识
	摄像机解析		⭐	
	桌面凹槽制作		⭐	
	摄像机贴图		⭐	⭐
	人物动作制作		⭐	⭐
	毛发材质添加及修改		⭐	⭐
	物理渲染设置		⭐	
	灯光调整		⭐	

7.3

项目实施

7.3.1　摄像机解析

（1）打开 C4D 软件，按快捷键 Ctrl+D 打开工程设置，将"帧率"设为"25"；按快捷键 Ctrl+B 打开渲染设置，在输出选项，将"图像分辨率"设为"1 920×1 080 像素"，"帧频"设为"25"，如图 7-1 所示。

图 7-1

（2）选择"跟踪器"菜单下的"运动跟踪"选项，执行"影片素材"→"素材设置"→"影片素材"命令，单击 ▦ 按钮，将准备好的素材导入，如图 7-2 所示。

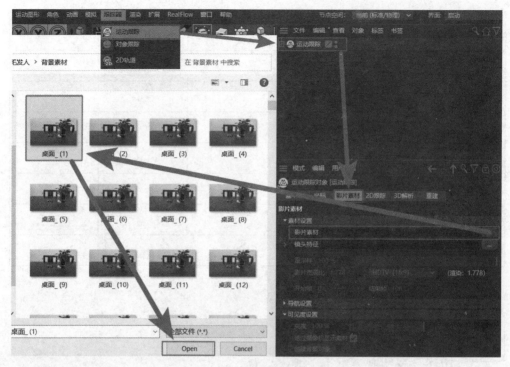

图 7-2

（3）将"重采样"提高到"100%"，重采样值越高影片画质越好，跟踪也越稳定，如图 7-3 所示。

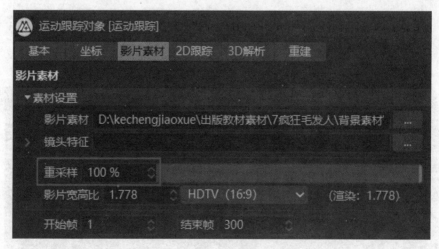

图 7-3

（4）设置跟踪参数，选择"2D 跟踪"→"自动跟踪"选项，将"跟踪轨数量"设为"2 000"，"最小间距"设为"10"；在"2D 跟踪"→"选项"里将"默认搜索尺寸"设为"200"；再回到"自动跟踪"选项，单击"自动跟踪"按钮进行跟踪，如图 7-4 所示。

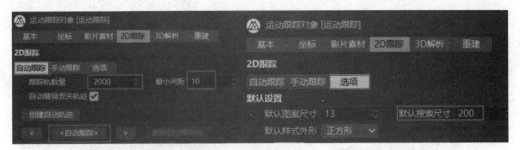

图 7-4

（5）跟踪结束后进行 3D 解析，解析成功后屏幕上会出现很多的点，小点分为红色和绿色（红色代表跟踪不太稳定，绿色代表跟踪较为稳定）两种，如图 7-5 所示。

图 7-5

小贴士　如果跟踪的点，特别是绿色的点太少，则不利于坐标系的重建，这时可重复步骤（4）、（5），将步骤（4）中的参数调高，获得较多的点，但这样做，解析的时间会变长。

（6）摄像机解析完成后创建约束，进行坐标系的重建，选择运动跟踪，单击鼠标右键添加"跟踪标签"，先进行平面约束，后面依次是位置约束、矢量约束，如图 7-6 所示。

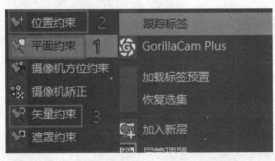

图 7-6

创建约束

小贴士　创建约束，要先切换至"已解析摄像机模式"；如果进行约束时点不到绿点，可切换到"模型模式"。

（7）创建平面约束，确定 3D 对象放置的面，在屏幕中选 3 个点（一般为绿色的点）作为一个平面，将平面约束的轴心更改为 Y 轴，如图 7-7 所示，播放一下，查看 3 个点是否有滑动现象，如果没有则为正确。

图 7-7

（8）创建位置约束，即重新定义了坐标原点，如图 7-8 所示。

图 7-8

（9）单击创建矢量约束，确定 3D 对象朝向，拖动两个点到合适的位置，创建出一条

轴线，在属性面板将"轴心"改为 X 轴（也可为 Y 轴、Z 轴），"长度"修改为"已知"，
单位设为 500，如图 7-9 所示。

图 7-9

（10）创建一个立方体，立方体会出现在设置的坐标原点上，通过修改矢量约束的长
度，可以确定合适的模型显示比例。长度为 500 时，模型显示太小；当修改为 200 时，模
型大小合适，这个数值可以根据场景需要进行修改，如图 7-10 所示。

图 7-10

7.3.2 场景重建

（1）制作桌面凹槽下沉上弹动画。我们先要制作这个凹槽的盖，从创建一个平面开
始，将宽度和高度的分段都设为 1，如图 7-11 所示。

小贴士 平面尽量大一些，3D 对象的投影需要投射到这个平面上，如果平面太小，投
影可能显示不全。

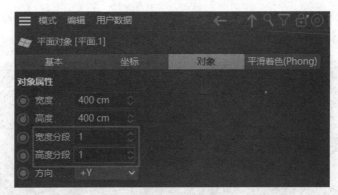

图 7-11

（2）选择平面，按快捷键 C，塌陷模型，勾选"透显"复选框，调整到合适的位置，如图 7-12 所示。

图 7-12

（3）切换到边模式，依次按键盘的 K、L 键，使用"循环 / 路径切割"工具，在桌面中间切出一个区域，如图 7-13 所示。

图 7-13

（4）切换到点模式，选择 4 个顶点，单击鼠标右键，在弹出的右键快捷菜单中选择"倒角"，将"偏移"修改为"12 cm"，"细分"设为"8"，4 个顶点出现倒角，如图 7-14 所示，在顶视图查看更明显。

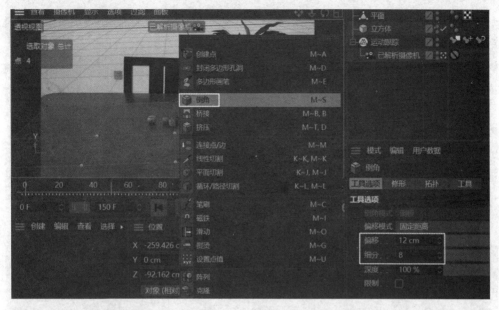

图 7-14

（5）切换到面模式，选择这个面，单击鼠标右键，在弹出的右键快捷菜单中选择"分裂"，将会从平面里面分离复制出一个相同的面，将这个分裂出来的面命名为"盖"，如图 7-15 所示。

（6）将平面中原来的那个面删去，这样做动画的凹槽的面（盖子）就确定了，如图 7-16 所示。

盖子制作

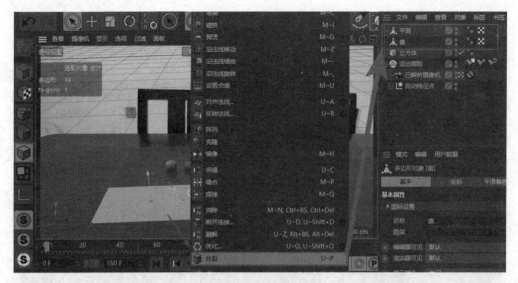

图 7-15

图 7-16

（7）完成盖子的制作后进行凹槽的制作，切换到边模式，框选盖子，执行"网格"→"转换"→"提取样条"命令，提取出盖子边缘样条，如图 7-17 所示。

小贴士　凹槽的制作思路：从盖子这个面提取出边缘线条→创建轮廓→挤压成形。

（8）将提取的样条从"盖"的父级拖出来，切换到点模式，框选线条上所有的点，单击鼠标右键，在弹出的右键快捷菜单中选择"创建轮廓"选项，"距离"默认"5 cm"，单击"应用"按钮就创建了一个轮廓，如图 7-18 所示。

（9）在工具栏单击 🔲 按钮，添加挤压工具，将"盖.样条"拖曳到挤压工具下面作为子级，这样凹槽就挤压成形了，如图 7-19 所示。

图 7-17

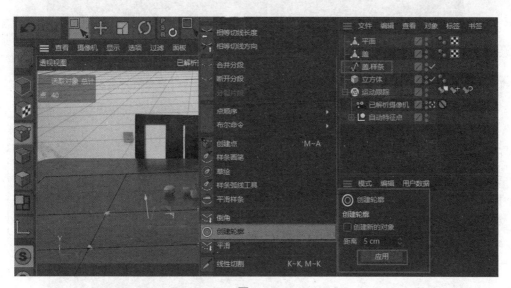

图 7-18

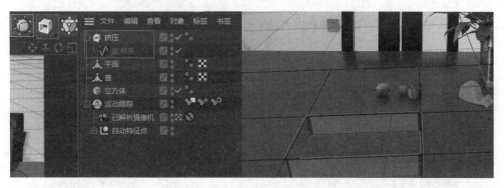

图 7-19

（10）按快捷键 Ctrl+R 进行快速渲染，发现什么也没有，这是因为平面和凹槽没有材质，在视图窗口显示的图像是运动跟踪的参考素材；在对象窗口选择"运动跟踪"选项，在"影片素材"选项下单击"创建背景对象"按钮会出现一个背景材质，在材质窗口双击此材质进入材质编辑器，单击"颜色"→"纹理"右侧的材质文件栏，在新打开的窗口中选择"动画"选项，单击"计算"按钮，计算一下材质，如图 7-20 所示，现在渲染就可以看到背景了。

图 7-20

💡小贴士   "动画"选项下的影片帧频，务必要和工程设置里的帧率及输出里的帧频数一致，否则，添加材质后会出现错帧。

（11）按快捷键 Ctrl+R 进行快速渲染，可以看到背景，但平面和凹槽因没有材质，呈灰色显示，将背景材质赋给平面后有错位，单击材质，修改"投射"为"摄像机贴图"；将对象窗口的"已解析摄像机"拖曳到"摄像机"右侧的空白栏；影片比例设为 16：9，设置完成后，将此材质复制给盖子，如图 7-21 所示，按快捷键 Ctrl+R 进行快速渲染，平面和凹槽材质就正确了。

摄像机贴图

图 7-21

（12）平面和凹槽部分还有两个问题：一是颜色比其他背景颜色深；二是挤压的凹槽能看到。出现第一个问题是由于材质与背景没有融合，解决方法：选择平面，单击鼠标右键，在弹出的右键快捷菜单中执行"模拟标签"→"合成"命令，在合成标签中，勾选"合成背景"复选框，将此合成标签复制给盖子，如图 7-22 左图所示；第二个问题解决方法：只需将挤压的 Y 轴下移 0.1，如图 7-22 右图所示。

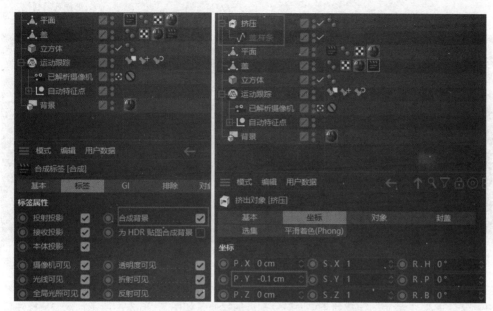

图 7-22

（13）接下来制作凹槽下降又弹起的动画，选择"盖"这个对象，在 20 帧位置，给 Y 轴位置打关键帧；在 40 帧位置，Y 轴下移到合适位置打关键帧，这样就完成了盖子下移动画；停留 10 帧，在 50 帧位置，Y 轴位置不改变，打关键帧；在 70 帧位置，Y 轴归零，打关键帧，盖子上弹复位，如图 7-23 所示。

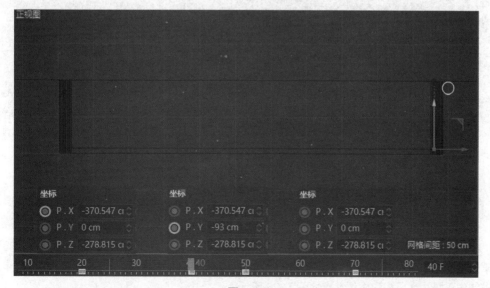

图 7-23

（14）在案例中，小人是从凹槽下的孔洞出来的，现在来制作孔洞。首先选中挤压，按快捷键 C，将凹槽变成可编辑对象，重命名为"槽"，退出摄像机视图，在 40 帧位置找一个合适的视角，切换到面模式下，依次按键盘的 K、L 键，用循环切刀工具在凹槽上切出一个孔洞；再把中间的面删除，形成孔洞，如图 7-24 所示。

凹槽孔洞制作

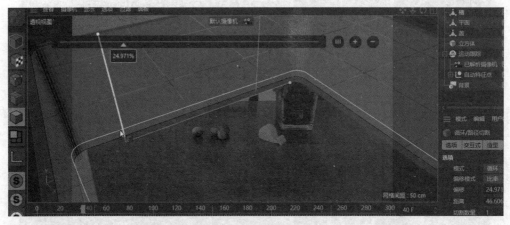

图 7-24

（15）给凹槽添加材质，这里使用 C4D 自带的材质，单击右侧的"内容浏览器"，在搜索窗口写入"wood"，找到与桌面颜色相近的材质，如图 7-25 左图所示；双击鼠标左键添加到材质窗口，将此材质赋给"槽"，修改材质的投射方式为"立方体"，同时将长度和宽度设为"50%"，如图 7-25 右图所示。

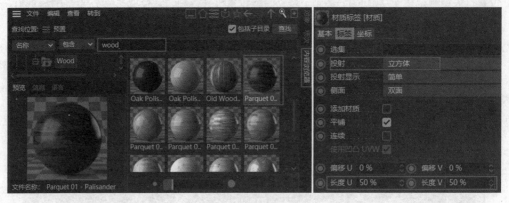

图 7-25

7.3.3　人物模型和动作

（1）进行人物模型的制作，这个案例中显示的是毛发人，模型不需要很精确，只需要一个简单的形状即可。依次按键盘的 N、B 键，光影着色（线条）显示视图，先在工具栏中单击 🔵 图标下的 🔵 胶囊 按钮，创建出小人的主体；再用立方体工具 🔵 立方体 创建四肢，可先制作双腿，在正视图中调整，如图 7-26 所示。

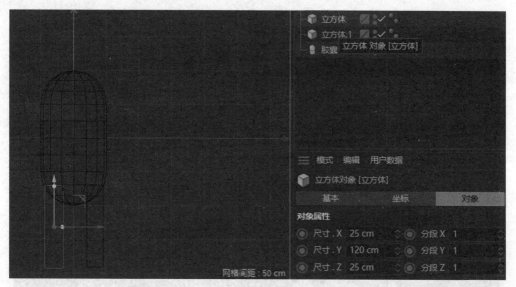

图 7-26

（2）复制立方体，R.B 旋转 90°，制作双臂，完成小人的模型，如图 7-27 所示。

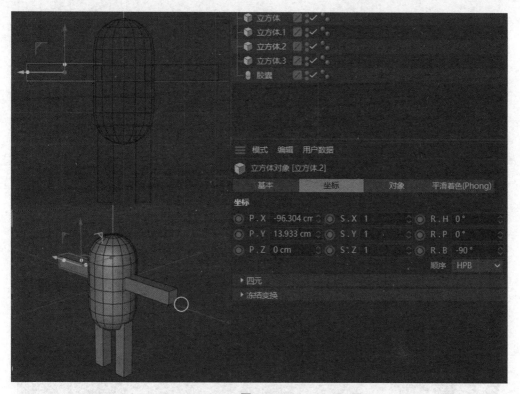

图 7-27

（3）人物的动作流畅，需要模型有足够多面数，现在增加模型的面数。执行工具栏 ▢
下的 ▢ 细分曲面 命令，将胶囊作为子级拖给细分曲面，面数明显增加；若进行相同的操作，
立方体不符合我们的要求，如图 7-28 所示，则对于立方体，我们要采用另一种方式增加
面数。

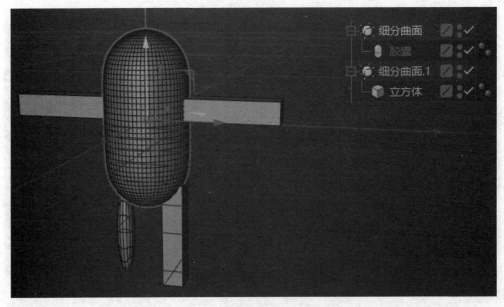

图 7-28

小贴士 细分曲面只对一个子级起作用，如果想要作用多个子级，可以分开进行细分曲面或将所有子级打包，做成一个子级。

（4）接下来采用细分的方式解决步骤（3）的问题。将4个立方体选中，使其变成可编辑对象，选择其中一个模型对象，单击鼠标右键，在弹出的右键快捷菜单中选择"细分"，经过3次细分，模型面数基本满足需要，如图7-29所示，依次将其他3个立方体进行细分。

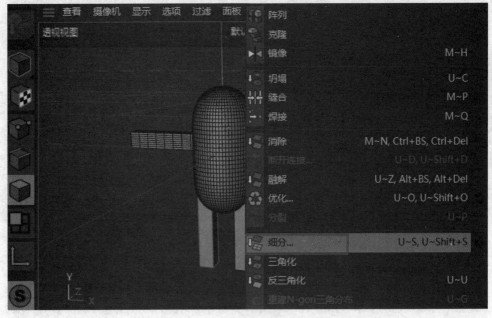

图 7-29

（5）全选所有对象，单击鼠标右键，在弹出的右键快捷菜单中选择"连接对象＋删除"选项，合并成一个模型，如图 7-30 所示。

图 7-30

（6）人物模型基本完成，然后进行导出。执行"文件"→"导出"→"Wavefront OBJ（*.obj）"命令，选项默认即可，单击"确定"按钮，导出 OBJ 文件，如图 7-31 所示。

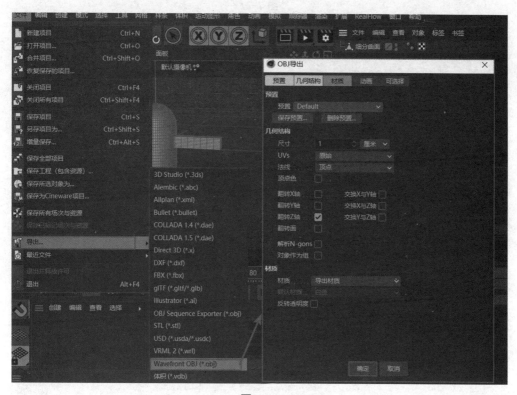

图 7-31

（7）打开 www.mixamo.com 网站，Mixamo 中的 3D 动作都可自动地直接套用到用户上传的角色上，我们现在就让导出的 OBJ 模型套用 3D 动作：首先上传模型，单击"UPLOAD CHARACTER"按钮，在弹出的对话框中单击"Select character file"按钮，选择 ren 这个 OBJ 文件，上传模型，如图 7-32 所示。

小贴士　Mixamo 是一个在线 3D 人物模型制作平台，可以帮助开发人员更轻易地创建出 3D 人物动画，用户可以直接上传自己设计的 3D 人物或使用 Mixamo 提供的角色进行创作。

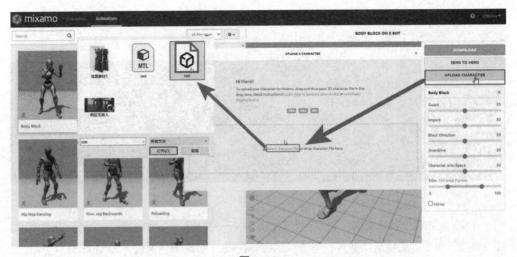

图 7-32

（8）按照提示对模型进行关节绑定。如图 7-33 所示，圆圈的颜色与位置和右侧的样例相对应，完成后单击"NEXT"按钮即可。

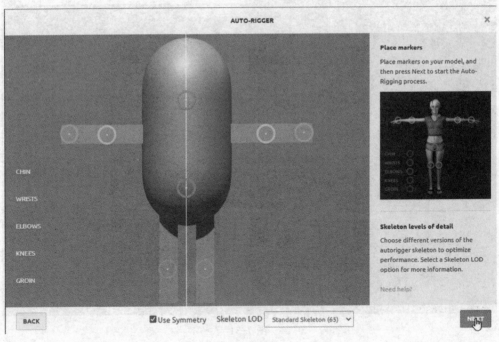

图 7-33

（9）现在模型就会动起来，选择一个合适的动作，模型会自动套用这个动作，如图 7-34 所示，Mixamo 提供了很多动作可供选择，选定后单击"DOWNLOAD"按钮输出。

（10）输出 Fbx 格式的文件，选项默认即可，单击"DOWNLOAD"按钮进行输出，如图 7-35 所示。

人物动作制作

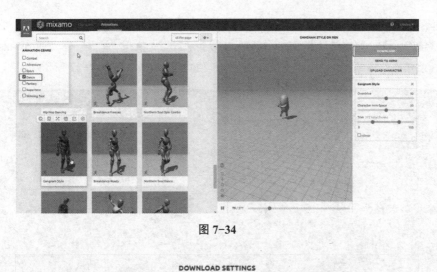

图 7-34

图 7-35

7.3.4　实景融合

（1）将人物导入"疯狂毛发人"文件进行融合，将带有动作的人物 fbx 文件拖入视图窗口，弹出"FBX 2021.1 导入设置"对话框，选项默认即可，单击"确定"按钮，如图 7-36 所示。

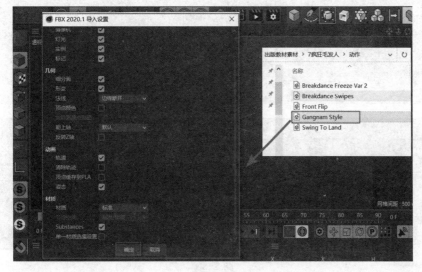

图 7-36

（2）这时会打开一个新的文件，按快捷键 Ctrl+D，将工程设置里的"帧率"改为"25"；按快捷键 Ctrl+B，将渲染设置里的"帧频"也设为"25"；执行"扩展"→"NitroBake V3"命令，烘焙插件将导入的动画模型烘焙成一个单独的模型文件，如图 7-37 所示。

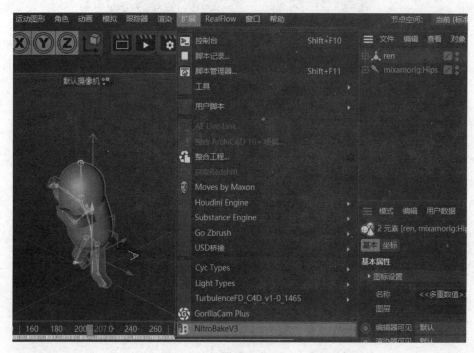

图 7-37

（3）在弹出的对话框中单击"Bake"按钮进行烘焙，完成烘焙后，在对象窗口出现一个烘焙文件，如图 7-38 所示，将"NitroBake:1"父级及"ren"子级复制到"疯狂毛发人"文件。

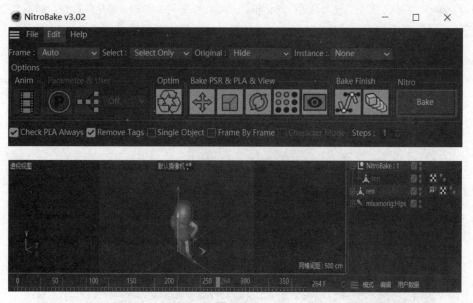

图 7-38

（4）在"疯狂毛发人"文件，将"NitroBake:1"父级重命名为"renwu"，将模型移动到盖子的位置，移动时，Y轴坐标保持为0，现在开始制作小人从孔洞出来并随着盖子一起上升的动画。小人的动画与盖子的动画是同步的，在40帧、50帧和70帧分别打关键帧，如图7-39所示。

人物出现动画

图 7-39

（5）在对象窗口选择"ren"选项，执行"模拟"→"毛发对象"→"添加毛发"命令，就为小人添加了毛发，如图7-40所示。

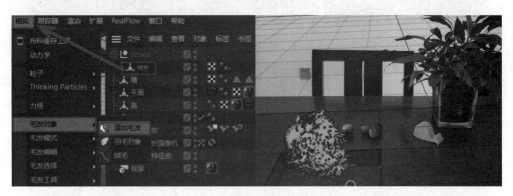

图 7-40

（6）然后对毛发长度进行修改，选择"毛发"→"引导线"选项，将"长度"设为"80 cm"，按快捷键Ctrl+R进行快速渲染，渲染设置里勾选"毛发渲染"复选框，如图7-41所示，即可看到毛发效果。

小贴士 添加的毛发会以引导线的形式呈现，通过引导线，能直观地观察毛发的生长效果。长度：设置引导线的长度，也是毛发的长度；数量：设置引导线的显示数量。

（7）修改毛发颜色，在材质窗口双击"毛发材质"按钮，在材质编辑器中执行"颜色"→"发根"→"纹理"→"渐变"命令，单击"渐变"按钮进行颜色设置，如图7-42所示。

图 7-41

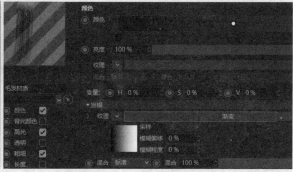

图 7-42

（8）在弹出的渐变窗口双击  按钮设置渐变颜色，按快捷键 Ctrl+R 进行快速渲染，即可看到颜色发生了变化，如图 7-43 所示。

图 7-43

（9）毛发小人在运动过程中，毛发有炸开效果，即毛发从柔顺到炸开再到柔顺，在炸开的同时，毛发是成簇的，现在先让毛发成簇。在毛发材质编辑器中勾选"集束"复选框，将"集束"设为"30%"，如图 7-44 所示。

🔥小贴士　"集束"选项用于使毛发形成集束效果；集束：设置毛发集束的程度，数值越大，集束效果越明显，如图 7-45 所示。

毛发炸开效果

图 7-44

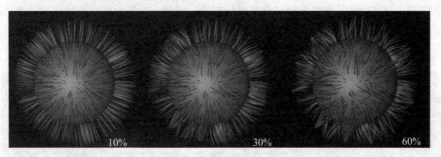

图 7-45

（10）执行"毛发"→"动力学"→"动画"→"松弛"命令，单击"松弛"按钮可以让毛发松弛下来，产生柔顺效果，这里可以单击两次；如果让毛发炸开，只需将"静止保持"参数调高即可，如图 7-46 所示。

图 7-46

（11）对"静止保持"制作动画，如图 7-47 所示，毛发就会从柔顺到炸开再到柔顺。

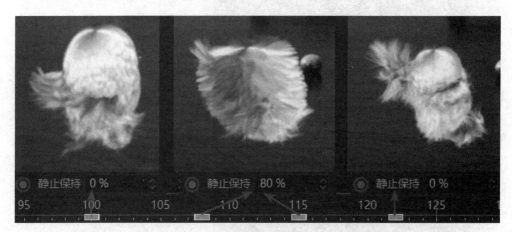

图 7-47

（12）动画基本完成后，我们进入渲染。首先添加一个环境，单击工具栏 ▣ 按钮下的 ⚫ 天空 按钮，添加天空；在材质窗口双击鼠标左键，创建一个新材质，新材质只勾选"发光"复选框，在"纹理"中选择一个室内的 HDR 图，将这个材质赋给天空，如图 7-48 所示。

图 7-48

（13）选择天空，单击鼠标右键，在弹出的右键快捷菜单中执行"渲染标签"→"合成"命令，添加一个合成标签，取消勾选"摄像机可见"复选框，这样，环境只起到光照作用而不可见，如图 7-49 所示。

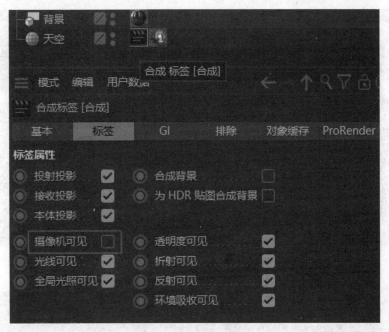

图 7-49

（14）按快捷键 Ctrl+B 打开渲染设置，使用物理渲染器，单击"效果"按钮添加"全局光照"和"环境吸收"，在全局光照中将预设改为"内部 - 预览（高漫射深度）"，将"采样"修改为"中"，按快捷键 Ctrl+R 进行快速渲染，效果如图 7-50 所示。

渲染设置

图 7-50

（15）渲染后发现渲染效果比之前好，但是没有投影，可单击工具栏的  按钮下的 按钮添加一个灯光，将投影改为"阴影贴图（软阴影）"，利用四视图调整灯光的位置，将灯光调整到合适的位置，如图 7-51 所示。按快捷键 Ctrl+R 进行快速渲染，毛发人就有了投影，投影的颜色太深，可将灯光的"强度"修改为"30%"，如图 7-52 所示。

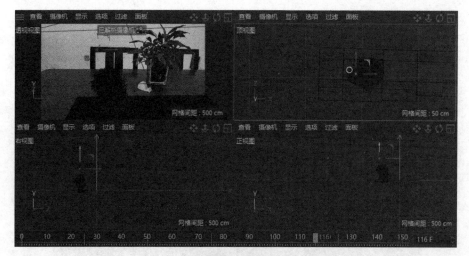

图 7-51

图 7-52

小贴士　灯光的位置需要反复调整，毛发人的投影要与周围物体的投影方向及颜色保持一致。

（16）再次调整好灯光位置，按快捷键 Shift+R 渲染到图片查看器，如图 7-53 所示，没有问题就可以输出了。

图 7-53

（17）毛发的颜色除自己设定外，也可以用贴图来表示，如图 7-54 所示。

图 7-54

7.4 项目总结

　　本项目案例虚拟了一个跳舞的毛发小人，与实景进行融合，实景就是普通的家居背景，但添加了毛发小人后，变得生动、有趣。同学们要善于发现生活中的美，将学习到的技能和实际生活结合起来，技术可以让生活更美好，进而更加热爱自己的专业。

跳舞毛发人

7.5 拓展学习

　　毛发是进行视频设计时常用的一种表现手法，将毛发赋给某个物品将其拟人化，可以产生意想不到的效果。这个案例就是讲解毛发的相关参数设置，产生多样的毛发效果（图 7-55）。

图 7-55

制作视频 1

制作视频 2

7.6 课后测试

课后测试

7.7 任务绩效考核

任务绩效考核表

任务名称	疯狂毛发人		学时	4	班级	
学员姓名			实训场地		任务成绩	
学习任务			完成疯狂毛发人案例			
考核项目	考核内容	分值	指标说明	自评分（40%）	考评分（60%）	得分
工作业绩	摄像机解析	10	能解析摄像机，会正确进行平面、位置和矢量约束			
	凹槽制作	10	能利用循环切刀、分裂、提取线条、挤压等命令，制作桌面凹槽，并制作动画			
	摄像机贴图	5	能正确给凹槽进行贴图			
	人物模型制作	5	能用胶囊和立方体制作简单人物模型			
	人物动作制作	5	会用 www.mixamo.com 网站提供的预设完成人物动作			
	毛发人出现动画	10	能用着色效果器配合随机效果器给立方体赋多个颜色材质			
	毛发材质	10	会添加毛发材质和修改毛发颜色			
	物理渲染设置	5	会添加天空 HDR，并进行物理渲染器的调整			
	灯光调整	10	会添加灯光并进行调整，形成正确的投影			
工作业绩总分		70	工作业绩得分			

续表

考核项目	考核内容	分值	指标说明	自评分（40%）	考评分（60%）	得分
	创新能力	5	能取长补短，多角度、全方位思考问题；能在制作视频中运用相关知识点，创作出理想的作品			
	执行力	5	严格、高效地完成任务，及时提交作业，延迟提交作业的扣 5 分			
	协调沟通	5	能及时、主动进行沟通协调，能充分、积极配合其他员工进行工作			
	责任心	5	专注、严谨细致，有耐心、责任感，工作态度不认真扣 3 分，因个人原因造成小组不能如期完成作业的扣 5 分			
	团队配合度	5	守规矩、讲原则、团队协作，无故不服从组长调度扣 5 分			
	遵守纪律	5	迟到、早退情况，每迟到一次扣 1 分，无故缺勤扣 5 分			
工作表现总分		30	工作表现得分			
评语				考核总得分		

学习体会	
制作中遇到的问题	解决方法

模块 4
流体特效

项目 8　学习强国封面——滴水动画

8.1 项目展示

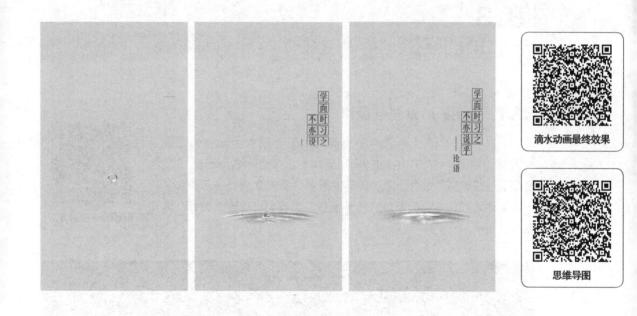

滴水动画最终效果

思维导图

8.2 项目分析

　　本项目是模拟学习强国封面的滴水动画效果，运用 RealFlow 流体插件完成。先熟悉流体制作过程，在这个基础上进行案例的制作。本项目案例需要有 2 个流体发射器，灯光的设置对于流体材质的体现也很有参考性。

学习要求	知识点＼学习目标	了解	应用	重点知识
	粒子发射器		⭐	
	力场调整		⭐	
	网格化参数调整		⭐	⭐
	灯光调整		⭐	
	流体材质		⭐	⭐
	合成设置		⭐	

8.3 项目实施

8.3.1　RealFlow 基础操作

（1）打开 C4D 文件"杯子模型"，流体制作的第一步是添加流体发射器，打开"RealFlow"菜单栏，执行"Emitters"（发射器）→"圆环"命令，添加圆环发射器，在对象窗口显示添加了一个流体场景，在视图窗口的杯子模型下方就会出现流体图标，如图 8-1 所示。

RealFlow 安装方法

图 8-1

小贴士　RealFlow 是 C4D 软件的一款常用流体插件，可以避免 RealFlow 软件和 C4D 软件的互导，而且能很好地支持 C4D 中的模型、动力学模块、粒子效果等；RealFlow 插件使菜单和操作流程更加便捷，可以非常容易地实现各种流体效果。

（2）将发射器的 Y 轴位置上移，单击时间线上的"播放"按钮 ▶，发射器发出了蓝色的粒子，这些粒子将会组成真实的流体效果，如图 8-2 所示。

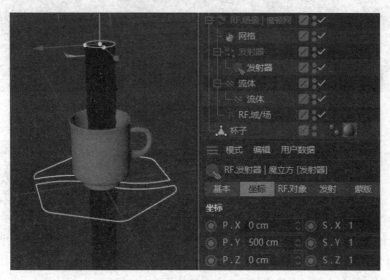

图 8-2

（3）流体制作的第二步是调整粒子形态。将发射器左移一下，由于没有受到重力，粒子的发射方向是不变的，打开"RealFlow"菜单栏，执行"Daemons"→"重力"命令，添加重力，流体受到重力影响方向向下，如图 8-3 所示。

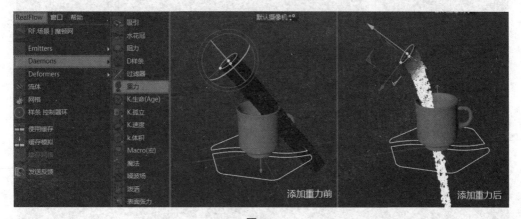

图 8-3

（4）粒子下落，但是粒子会穿透杯子模型，这是因为杯子和粒子之间没有动力学交互。添加碰撞，选择"杯子"模型，单击鼠标右键，在弹出的右键快捷菜单中执行"RealFlow 标签"→"RF. 碰撞"命令，如图 8-4 所示，这时溢出的粒子明显少了。

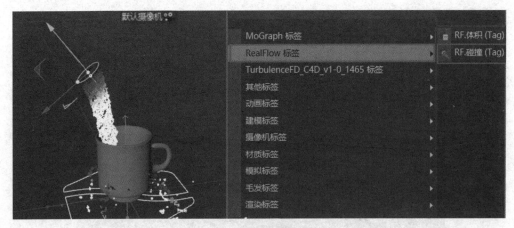

图 8-4

（5）让粒子不外溢的方法分为两步：第 1 步，将"RF. 碰撞"标签下的"碰撞距离"调高到"2 cm"，这个参数描述了碰撞粒子与物体表面的距离，单击时间线上的"播放"按钮 ▶ 查看，还是会有少量粒子溢出，如图 8-5 所示。第 2 步，选择"杯子"模型，单击鼠标右键，在弹出的右键快捷菜单中执行"RealFlow"标签→"RF. 体积"命令，取消勾选"体积模式"的"自动"复选框，并修改为"外壳"，

流体溢出解决方法

单击"播放"按钮 ▶ 查看，发现粒子与杯子的距离太大了，调低"单元大小"和"表面偏移"数值到 0.5，如图 8-6 所示，这样就解决了流体粒子溢出的问题。

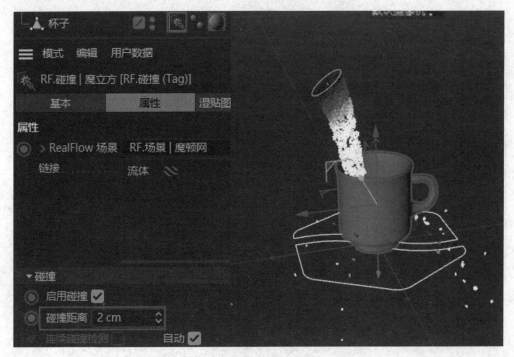

图 8-5

🌱小贴士　"碰撞距离"提高到足够高的数值，也可以实现阻止粒子外溢，但粒子和杯子的距离也会增大，影响流体效果。

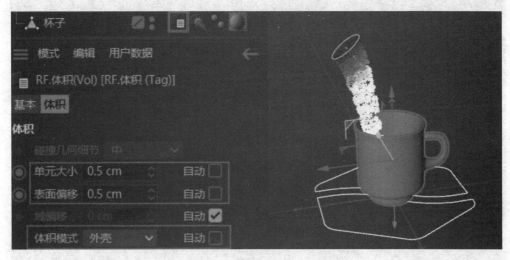

图 8-6

（6）现在流体的粒子数量少，选择"流体"将"分辨率"数值提高到"5"，前后对比效果如图 8-7 所示。

🌱小贴士　"分辨率"可以控制粒子的数量，分辨率数值的设定取决于场景的尺寸、发射器的尺寸和流体的"密度"。

图 8-7

（7）现在的流体是粒子状态，而粒子本身无法直接渲染出来，如果要渲染流体，必须把粒子转为多边形对象，即网格化才行。打开"RealFlow"菜单栏下的"网格"选项，将"网格"自动加载到"网格"下面，修改网格的"分辨率""半径""平滑"等属性，单击"创建网格"按钮，即可创建出网格，如图 8-8 所示。

图 8-8

小贴士 分辨率：网格质量的解析度一般设为低 – 中或中。

半径：RealFlow 是通过在粒子周围创建球体然后混合的方式来建立网格的，半径是指这个球体的半径；半径越大，网格越平滑。

平滑：细化网格；一般设为 4 或 5，设置 8 以上的话，会丢失很多细节。

细化：变薄；数值越大，网格越薄。

（8）如果需要动画效果，选中"RF. 场景"，在"缓存"栏中单击"缓存模拟"按钮，产生动画，将动画文件保存在"缓存文件夹"，如图 8-9 所示。

小贴士 单击 ▅▅▅ 按钮可以自己设置缓存文件夹，但要注意，文件路径不要有中文。

总结一下，RealFlow 流体制作步骤分为 3 步：第 1 步是粒子发射器；第 2 步是粒子形态的调整，添加力场，调整流体参数；第 3 步是网格化。经过这 3 步就可以制作出流体。

8.3.2 流体制作

（1）打开 C4D 软件，按快捷键 Ctrl+D 打开工程设置，将"帧率"设为"25"，"最大时长"设为"100 F"；按快捷键 Ctrl+B 打开渲染设置，将"帧频"设为 25，"图像分辨率"设为"1 280×720 像素"，如图 8-10 所示。

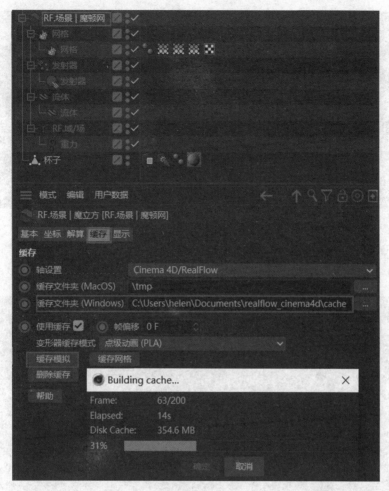

图 8-9

图 8-10

（2）流体的发射器采用填充发射器，先制作发射器的填充对象，填充对象有两个：一个是下面比较大的水体；另一个是上面的水滴。先制作下方的水体，单击工具栏 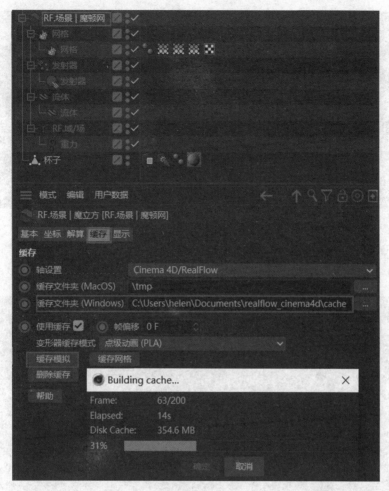 下面的 ⬜ 圆柱体 按钮，创建一个圆柱体，按快捷键N、B，"光影着色（线条）"显示，将圆柱体的"半径"设为"300 cm"，"高度"设为"50 cm"，"高度分段"设为"1"，"旋转分段"设为"50"，具体参数设置如图 8-11 所示。

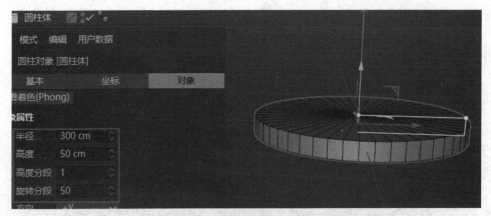

图 8-11

（3）复制"圆柱体"，得到"圆柱体 1"，"圆柱体 1"的半径要比"圆柱体"的半径小，设为"290 cm"，高度设为"70 cm"，上移，放到"圆柱体"里面，如图 8-12 所示。

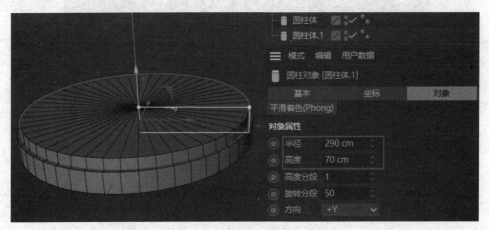

图 8-12

（4）将里面的"圆柱体 1"隐藏，选择"圆柱体"，按快捷键 C，使圆柱体变成可编辑对象，单击编辑栏的 ▣ 按钮切换到面模式，选择上面所有的面后删除，再选择侧面所有的面，按快捷键 D，使用挤压命令，将"偏移"设为"5 cm"，挤压出一个厚度，如图 8-13 所示，创建出一个容器。

流体容器制作

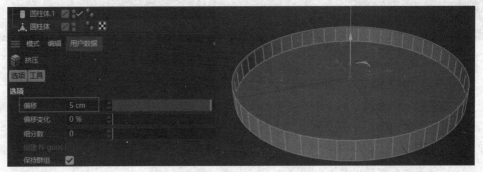

图 8-13

（5）添加流体发射器，打开"RealFlow"菜单栏，执行"Emitters"（发射器）→"填充"命令，添加填充发射器，将"圆柱体 1"拖曳到发射器的"Body"参数栏，如图 8-14 所示，流体粒子充满"圆柱体 1"。

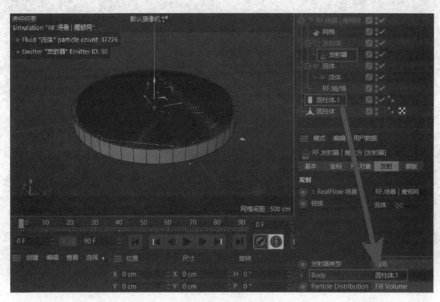

图 8-14

（6）在"RealFlow"菜单栏执行"Daemons"→"重力"命令，添加重力；选择"圆柱体"，单击鼠标右键，在弹出的右键快捷菜单中执行"RealFlow 标签"→"RF. 碰撞"命令，流体受重力影响，下落到"圆柱体"容器，形成一个水体，现在可以将"圆柱体"和"圆柱体 1"都隐藏，如图 8-15 所示。

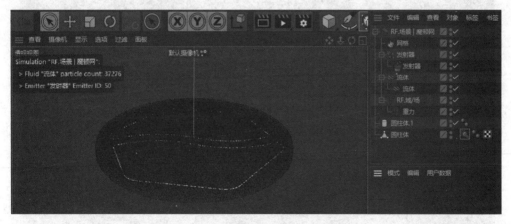

图 8-15

（7）选择工具栏 下的 选项，用球体作为水滴发射器对象，将球体的半径设为 25，分段设为 30；在 Y 轴方向移动 1 000，如图 8-16 所示，得到正视图效果。

两个填充发射器
制作

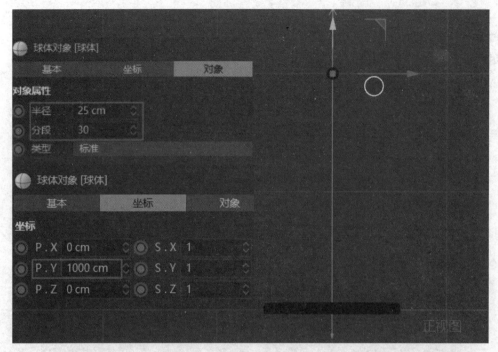

图 8-16

（8）打开"RealFlow"菜单栏，执行"Emitters"（发射器）→"填充"命令，再次添加填充发射器，将"球体"拖曳到发射器的"Body"参数栏，如图 8-17 所示，将"圆柱体 1""圆柱体""球体"的显示和渲染都设为隐藏状态。

图 8-17

（9）将流体的"分辨率"设为"4"，增加流体的粒子数量；添加摄像机，利用四视图调整一个合适的摄像机视角，如图 8-18 所示。

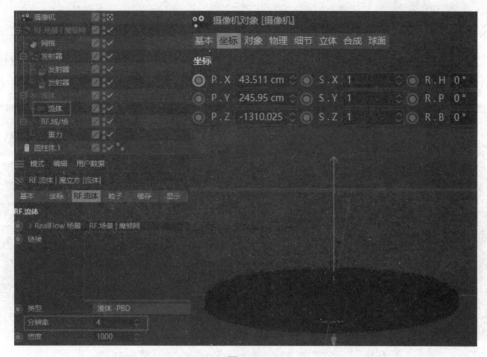

图 8-18

（10）单击"播放"按钮 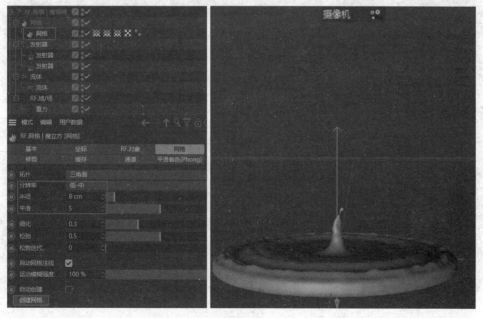 查看，流体的形态调整好后可以进行网格化，打开"RealFlow"菜单栏下的"网格"选项，自动加载"网格"，修改网格的"分辨率""半径""平滑"属性，单击"创建网格"按钮，如图 8-19 所示，流体粒子变成对象，可以进行渲染。

图 8-19

（11）滴水效果需要导出动画，选中"RF. 场景"，在"缓存"栏中单击"缓存模拟"按钮，动画缓存在指定的缓存文件夹，如图 8-20 所示。

8.3.3　流体的材质和渲染

（1）给流体添加水的材质，在材质窗口双击，创建一个新材质，只勾选"透明"复选框，将"折射率预设"改为"水"，如图 8-21 所示。

图 8-20

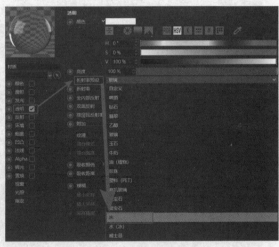

图 8-21

（2）添加 Beckmann 反射，在反射的"层颜色"中选择"纹理"，再选择"菲涅耳"，如图 8-22 所示。

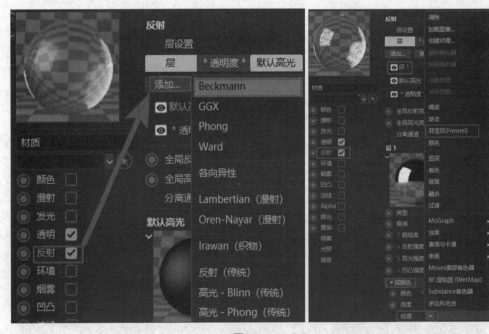

图 8-22

（3）按快捷键 Ctrl+R 进行快速渲染，因为流体是透明的，但由于缺少周围环境的反射，现在流体没有明暗反射。单击工具栏 ▦ 下的 ⦿天空 按钮，添加一个天空，给天空添加材质，在材质窗口双击鼠标左键，创建一个新材质，只勾选"发光"复选框，在"纹理"选项选择"Soft_Lights_Studio1"，如图 8-23 所示。

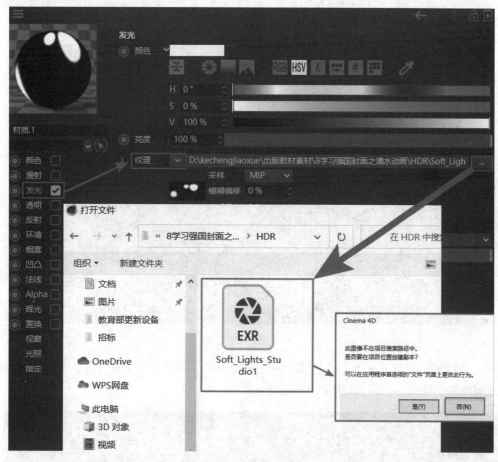

图 8-23

（4）按快捷键 Ctrl+B 打开渲染设置，在"效果"里单击添加"全局光照"按钮，按快捷键 Ctrl+R 进行快速渲染，看到流体有了明暗效果，如图 8-24 所示，左图为没有添加 HDR 天空的，右图为添加之后的。

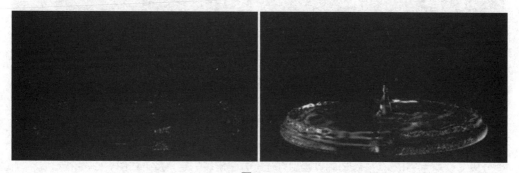

图 8-24

🔥小贴士 修改 HDR 材质的"偏移 U""偏移 V"数值，图像位置改变了，对流体的明暗反射也会相应改变，流体的整体效果随之发生改变。

（5）添加一个补光，增加顶部细节，这个补光包括灯光和反光板两部分，先添加灯光，单击工具栏 💡 下的 灯光 按钮，将"常规"→"投影"设为"区域"，再将灯光移动 Y 轴放到球形发射器上方，如图 8-25 所示。

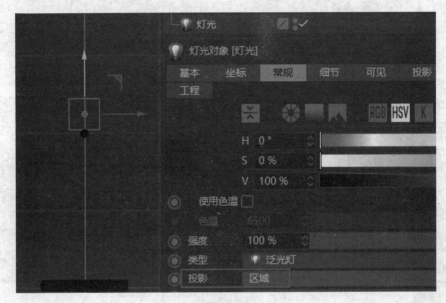

图 8-25

（6）修改灯光 R.P 为 90°，呈水平状态，切换到顶视图，旋转一定角度，设置参数如图 8-26 所示，让灯光照射时有一定的角度。

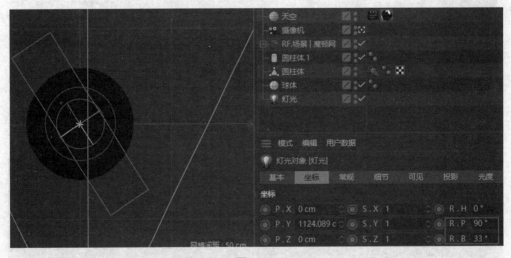

图 8-26

（7）单击工具栏 📦 下的 平面 按钮，用平面制作反光板，将"宽度分段"和"高度分段"设均为"1"，移动 Y 轴位置到灯光上方，旋转一定角度，如图 8-27 所示。

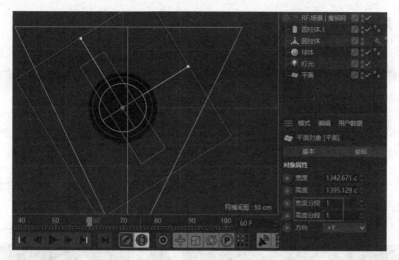

图 8-27

（8）在材质窗口双击鼠标左键，创建一个新材质，只勾选"发光"复选框，在"纹理"选项选择"渐变"，打开"渐变"窗口，将"类型"修改为"二维－圆形"，双击左边按钮 ◨，设为纯白色，右边设为浅灰色，如图 8-28 所示。

灯光和反光板制作

图 8-28

（9）将材质赋给平面，平面相当于一个反光板，将灯光反射给物体，让灯光柔和均匀，图 8-29 所示分别为添加天空 HDR、添加灯光和平面反射、调整天空 HDR 材质偏移（偏移 U 设为 10%、偏移 V 设为 2%）的不同效果对比。

图 8-29

8.3.4 后期处理

（1）在 AE 中打开素材中的"文字"文件，在项目窗口双击鼠标左键，导入从 C4D 导出水滴动画的序列帧，单击素材窗口下方的 ▒ 按钮（按快捷键 Ctrl+N）创建新的合成，将分辨率设为 720×1 280，时长设为 6 s，如图 8-30 所示。

🏵小贴士 本案例的播放媒体是手机，目前手机比例通用是 9∶16，所以将分辨率设为 720×1 280。

（2）按快捷键 Ctrl+Y 新建一个固态层，修改名称为"背景"，颜色设为浅灰色（R=220；G=220；B=220），如图 8-31 所示。

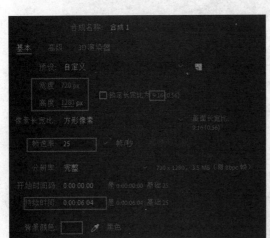

图 8-30   图 8-31

（3）将序列帧"water"拖曳到"合成 1"中，放到背景上面，移动位置，将"拉伸因数"设为"200"，放慢播放速度；同时在时间线上将"water"图层左移，在 0 帧时水滴就开始下落，如图 8-32 所示。

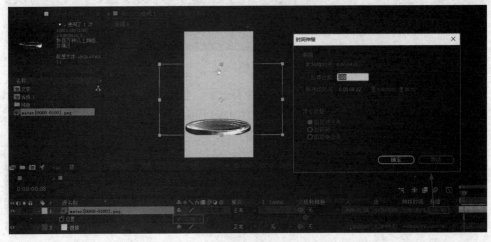

图 8-32

（4）用钢笔工具给"water"图层添加遮罩，蒙版羽化设为 33，蒙版扩展设为 17，如图 8-33 所示。

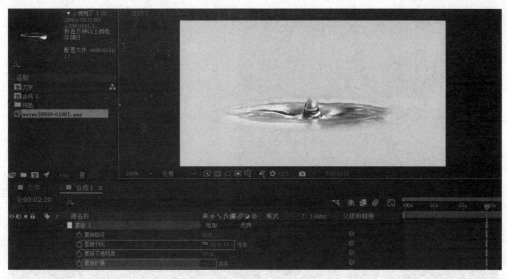

图 8-33

（5）选择"water"图层，在效果窗口单击鼠标右键，在弹出的右键快捷菜单中执行"颜色校正"→"色相 / 饱和度"命令，设置"主饱和度"为"-66"，"主亮度"为"47"，如图 8-34 所示，让素材与背景更好地融合。

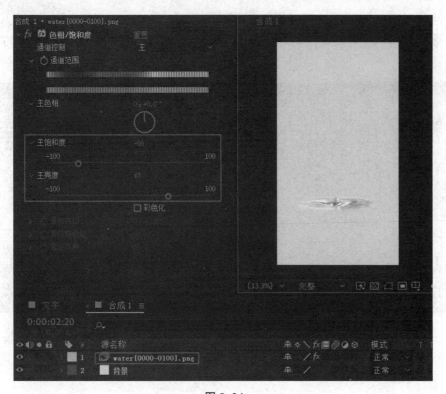

图 8-34

（6）按快捷键 Ctrl+D，复制"water"图层放在最上方，删去原来的遮罩，重新绘制水滴的遮罩，给"蒙版路径"设置关键帧动画，让水滴下落，如图 8-35 所示。

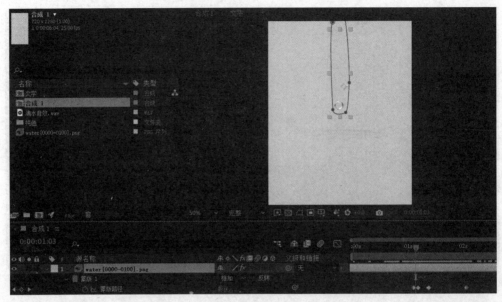

图 8-35

（7）修改下面流体的不透明度，水滴下落之前，将流体"不透明度"设为 10%；水滴下落的过程中，将流体的"不透明度"设为"100%"；当动画结束后，将"不透明度"再次设为"10%"。整体呈现从无到有、又从有到无的效果，如图 8-36 所示。

水滴下落动画处理

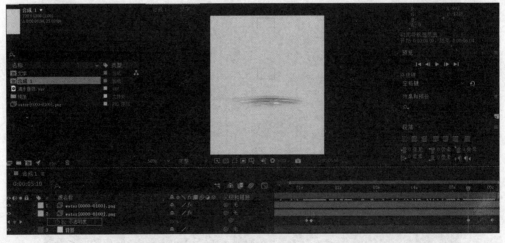

图 8-36

（8）制作文字效果，将"文字"合成拖曳到"合成 1"，放在最上方，调整到合适的位置，将"不透明度"设为"60%"，如图 8-37 所示。

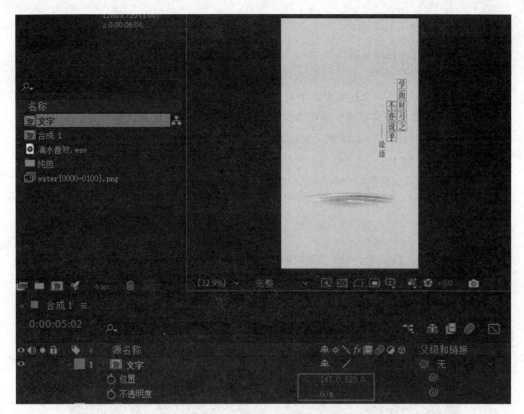

图 8-37

（9）制作文字出现效果，位置做关键帧动画，让文字从下到上移动。添加遮罩，遮罩在开始时放在最上方，当运动结束时，遮罩全部显示文字，遮罩在 Y 轴的羽化设为 20，参数如图 8-38 所示。

文字动画制作

图 8-38

8.4 项目总结

　　"学习强国"学习平台是由中共中央宣传部主管，立足全体党员、面向全社会的优质平台。本案例模拟"学习强国"手机客户端的开场动画，在学习和掌握 RealFlow 软件的同时，了解"学习强国"学习平台，邀请同学们参与"学习强国"，成为学习达人，给思想"充电"，为精神"赋能"，"青年强，则国家强"，让我们以实际行动践行党的二十大精神，成为"担当民族复兴大任的时代新人"。

8.5 拓展学习

　　本案例应用对象发射器，将流体赋上牛奶材质，为人物的动画添加了生动有趣的效果，旨在进一步练习和巩固 RealFlow 流体的制作过程及相关参数的调整（图 8-39）。

图 8-39

牛奶人

制作视频 1

制作视频 2

8.6 课后测试

课后测试

8.7 任务绩效考核

任务绩效考核表

任务名称	学习强国封面之滴水动画		学时	4	班级	
学员姓名			实训场地		任务成绩	
学习任务			完成滴水动画			

考核项目	考核内容	分值	指标说明	自评分（40%）	考评分（60%）	得分
工作业绩	粒子发射器	15	能选择正确的流体发射器，能根据发射器制作发射对象			
	立场调整	5	能给流体添加力场，调整粒子形态			
	网格化参数调整	10	能对流体进行网格化，理解关键参数，能正确调整网格参数			
	流体材质	10	能按照要求对流体添加水等材质			
	灯光调整	15	能正确调整灯光和环境光，体现流体效果			
	合成设置	10	会设置手机竖屏分辨率，能灵活使用遮罩对素材进行处理			
工作业绩总分		65	工作业绩得分			

考核项目	考核内容	分值	指标说明	自评分（40%）	考评分（60%）	得分
工作表现	视频素材的收集	5	能收集对制作有用的视频素材，并及时、准确地运用到实际工作中提高效率			
	创新能力	5	能取长补短，多角度、全方位思考问题；能在制作视频中运用相关知识点，创作出理想的作品			
	执行力	5	严格、高效地完成任务，及时提交作业，延迟提交作业的扣 5 分			
	协调沟通	5	能及时、主动进行沟通协调，能充分、积极配合其他员工进行工作			
	责任心	5	专注、严谨细致，有耐心、责任感，工作态度不认真扣 3 分，因个人原因造成小组不能如期完成作业的扣 5 分			
	团队配合度	5	守规矩、讲原则、团队协作，无故不服从组长调度扣 5 分			
	遵守纪律	5	迟到、早退情况，每迟到一次扣 1 分，无故缺勤扣 5 分			
工作表现总分		35	工作表现得分			

评语			考核总 得分	

学习体会	
制作中遇到的问题	解决方法

项目 9 　平面广告——夏日饮品

9.1 项目展示

平面饮品广告

思维导图

9.2 项目分析

　　本案例以蓝色为主色调，加上冰块、冰水，夏日清爽的感觉迎面而来，配上苹果、柠檬的元素，主打天然水果，体现出商品纯天然、冰爽等特质，在作品制作过程中需要注重流体形态的调整和在后期中流体通透效果的调整。

		学习目标		
	知识点	了解	应用	重点知识
学习要求	粒子发射器		⭐	
	力场调整		⭐	
	水珠制作		⭐	⭐
	流体材质		⭐	
	灯光调整		⭐	
	渲染		⭐	⭐
	后期调整		⭐	⭐

9.3 项目实施

9.3.1 流体发射器及形态调整

（1）打开 C4D 文件，在软件中打开素材文件夹下的"apple 源文件"，先添加流体发射器，打开"RealFlow"菜单栏，执行"Emitters"（发射器）→"球体"命令，如图 9-1 所示，添加一个球体发射器。

图 9-1

（2）打开"RealFlow"菜单栏，执行"Daemons"→"重力"命令添加重力；选择"apple"模型，单击鼠标右键，在弹出的右键快捷菜单中，执行"RealFlow"标签→"RF.碰撞"命令添加碰撞标签；将球体发射器的 Y 轴位置上移，在"发射"选项下勾选"Fill Sphere"（填充球体）复选框，单击时间线上的"播放"按钮 ▶，发射器将填充的流体粒子发射出去，这些粒子受重力影响下落，与苹果发生碰撞，如图 9-2 所示。

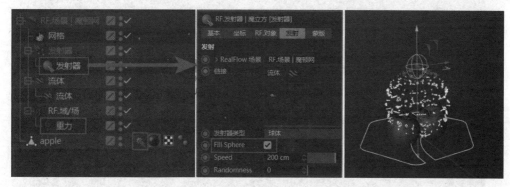

图 9-2

（3）若希望流体不要发散，可选择球体发射器，在"发射"选项将"Speed"（速度）设为"0 cm"，这样，小球没有了速度，受重力影响会垂直下落；选择流体，提高"分辨率"到"10"，粒子数增多，参数设置如图 9-3 所示，单击时间线上的"播放"按钮 ▶，流体下落与苹果发生碰撞。

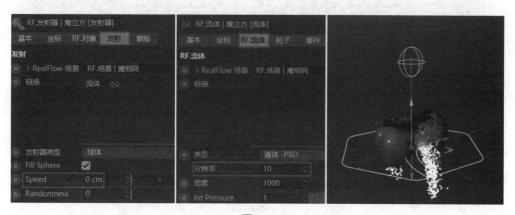

图 9-3

（4）移动一下球体发射器的 Z 轴位置，让它接近其中一个苹果的正上方，在"发射"选项将"Randomness"（随机）设为"0.5"，如图 9-4 所示，这样流体的形状产生随机变化，下落后与苹果碰撞的水花细节增多。

（5）一个发射器产生的水花有点单薄，我们再复制一个发射器，将原来"发射器"的宽度增大到"120 cm"；将复制的"发射器 1"的宽度缩小，设为"80 cm"，移动"发射器 1"的位置，让 2 个发射器的位置错开，参数如图 9-5 所示。

两个球体发射器
制作

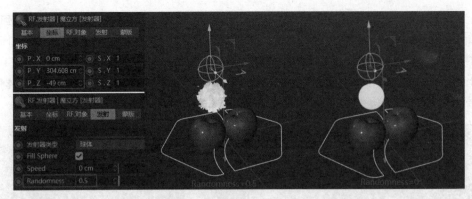

图 9-4

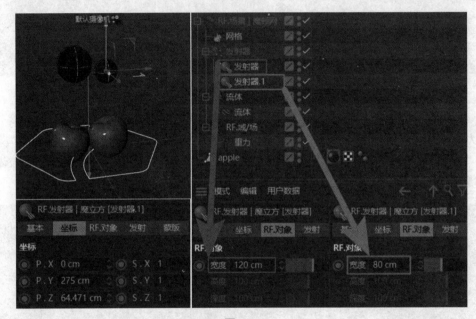

图 9-5

（6）单击工具栏 [图标] 下的 [图标] 选项，添加摄像机，将摄像机翻转，改变视角，呈现的水花效果更有创意，调整摄像机的参数，如图 9-6 所示，选择摄像机，单击鼠标右键，在弹出的右键快捷菜单中选择"装配标签"下的 [图标] 保护 选项，给摄像机添加保护。

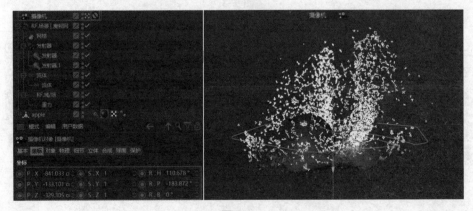

图 9-6

（7）退出摄像机视图，调整水花的形态，选择重力场，在"场"中选择"球体域"，为重力场添加一个球体的作用范围，如图 9-7 所示，在这个球体的外部不受重力的影响，这样，当流体的粒子跑出球体的范围时，它们的运动方向散开得更大，形成的流体形状更丰富。

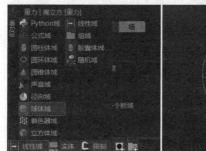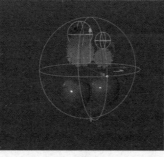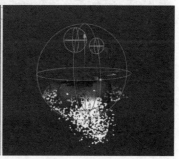

图 9-7

（8）流体与苹果发生碰撞，产生水花，但流体粒子在苹果上的停留时间很短，然后就会下落、流走，我们要让流体在苹果上的停留时间长一些，这样才能产生流体包裹住苹果的效果。添加一个阻力，打开"RealFlow"菜单栏，执行"Daemons"→"阻力"命令，如图 9-8 所示。

粒子形态调整

图 9-8

（9）修改苹果的流体碰撞属性，在"相互作用"选项，将"摩擦"提高到"0.11"，"弹跳"设为"0.15"，"黏滞"增加到"0.1"，"粗糙度"增加到"0.005"，增加苹果与流体的相互作用；选择"流体"，将"分辨率"提高到"20"，"密度"设为"2 000"，"Ext Pressure Scale"（外部压力）为"0.5"，"Surface Tension"（表面张力）增加到"50"；如图 9-9 所示，可以看到，流体粒子在苹果表面的停留时间延长了。

🔔**小贴士**　"密度"：影响流体的分布，如石油和水，密度大的沉在下方；

"Ext Pressure Scale"（外部压力）：限制流体的膨胀趋势，类似大气压；

"Surface Tension"（表面张力）：数值越强，流体越呈现收缩趋势，如水银，容易凝聚成水珠状态。

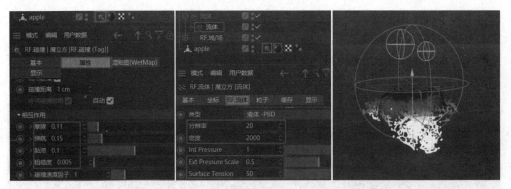

图 9-9

（10）流体的水花可以更不规则、更复杂一些，打开"RealFlow"菜单栏，执行"Daemons"→"噪波场"→"场"命令，将"线性域"修改为"球体域"，大小及作用范围与重力的球体域相同；修改噪波场的"球体域"时，可以将重力的"球体域"隐藏；修改噪波场的"强度""噪波空间比例""噪波时间比例"数值，设置参数如图 9-10 所示。

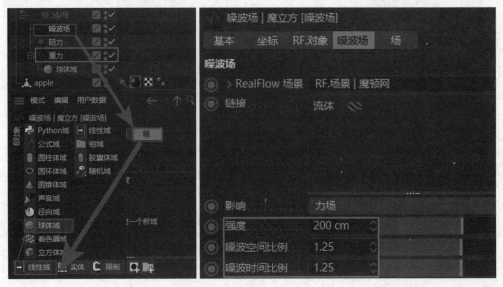

图 9-10

🍃小贴士，噪波场使粒子产生随机的扰动，"强度"是指扰动的强度。"噪波空间比例"是指控制扰乱的分散程度，该值越大，粒子之间越分散；该值越小，粒子越集中。"噪波时间比例"控制扰乱的整体形态，该值为 0 时，粒子只保持一种形态；该值不为 0 时，粒子形态会随时间的变化而改变。

（11）流体在噪波的影响下呈现出扰动现象，单击时间线上的"播放"按钮 ▶，效果如图 9-11 所示。

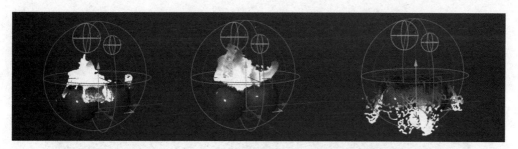

图 9-11

9.3.2　水珠制作

（1）单击工具栏 按钮下面的 按钮添加一个球体，将"半径"设为"5 cm"，如图 9-12 所示。

（2）切换到摄像机视图，选择"运动图形"菜单下的"克隆"选项 克隆 ，将球体作为子级放到"克隆"下面，执行"克隆"→"模式"→"对象"命令，在"对象"

图 9-12

选项将"apple"模型拖曳过去，"数量"设为"1 000"，如图 9-13 所示。

（3）为了查看方便，此时可以暂时将流体隐藏，添加克隆后，苹果的表面就会覆盖住小球，如图 9-14 所示。

图 9-13

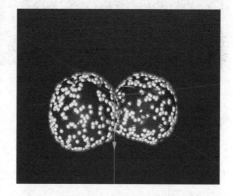

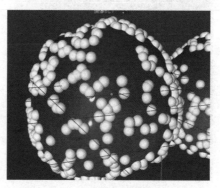

图 9-14

（4）然后调整小球的分布形态，选择克隆，执行"运动图形"→"效果器"→"推散"命令，给克隆添加"推散"效果器。"推散"效果器可以将对象沿任意方向进行推离，添加后小球会被推离出去，如图 9-15 所示。

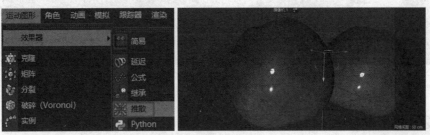

图 9-15

水珠制作

（5）将"推散"效果器的模式改为"分散缩放"，"半径"缩小为"20 cm"，随着半径的缩小，小球往回收缩，附着在水果表面，形成大小不一的小球，模拟出水珠效果，如图 9-16 所示。

图 9-16

9.3.3 流体的材质和渲染

（1）打开"RealFlow"菜单栏，选择"网格"，给流体添加网格，修改网格参数，如图 9-17 所示，单击"创建网格"按钮，查看效果，反复修改网格参数，直至满意。

图 9-17

流体网格化

（2）流体进行网格化后，选择流体，在"缓存"选项下单击"缓存模拟"按钮，查看流体效果，选择一帧效果，准备添加材质，如图 9-18 所示。

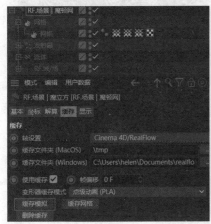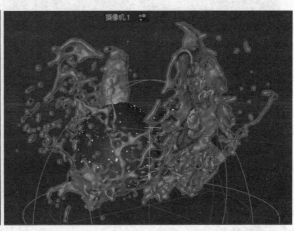

图 9-18

（3）按快捷键 Ctrl+B 打开渲染设置，将"渲染器"改为"物理"，在"效果"选项里单击"环境吸收"按钮添加环境吸收，在"环境吸收"的选项中勾选"评估透明度"复选框，按快捷键 Ctrl+R 进行快速渲染，效果如图 9-19 所示。

小贴士　环境吸收会影响物体是否反射周围的环境，在渲染水、玻璃等透明物体时，勾选"评估透明度"复选框可以使水变得清澈、玻璃材质透光；如果不勾选该复选框，渲染出的透明物体里面含的东西就会发黑。

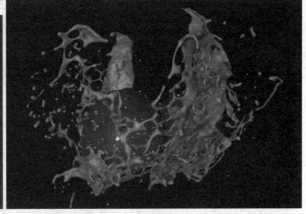

图 9-19

（4）添加灯光，单击工具栏 🔆 下的 💡灯光 按钮，将灯光的"常规"→"类型"设为"区域光"，"投影"设为"区域"；取消勾选"细节"里的"在高光中显示"复选框，如图 9-20 所示。

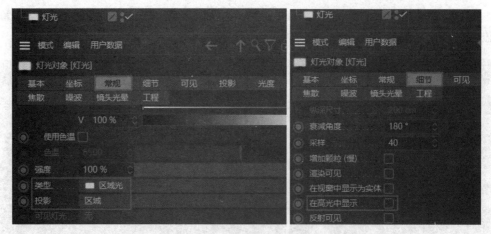

图 9-20

小贴士 在灯光的细节栏中取消勾选"在高光中显示"复选框，或者在常规项中取消勾选"高光"复选框，可以将灯光（特别是区域光）在材质中产生的多余反射去掉。

（5）将灯光沿 Y 轴移动到流体的上方，修改"R.P"为"-90°"，即在 Y 轴方向旋转90°，灯光呈水平状态；切换到顶视图，在水平方向旋转一个角度，这样打出的灯光明暗对比会更加明显，具体参数如图 9-21 所示。

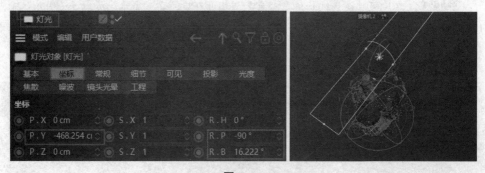

图 9-21

（6）为了增强灯光效果，添加一个反光板，可用平面制作反光板。单击工具栏 ▣ 下的 ◻ 平面 按钮，将"宽度分段"和"高度分段"都设为 1，移动 Y 轴位置到灯光上方，切换到顶视图，旋转到与灯光相同的角度，平面要比灯光大，如图 9-22 所示。

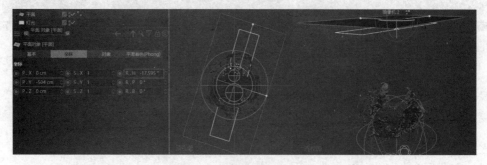

图 9-22

（7）在材质窗口双击鼠标左键，创建一个新材质，只勾选"发光"复选框，在"纹理"选项选择"渐变"，打开"渐变"窗口，将"类型"修改为"二维－圆形"，双击左边 █ 按钮，设为纯白色，将 █ 向中间拉动，增加中间白色光区域，双击右边 █ 按钮，设为浅灰色，如图 9-23 所示。

图 9-23

（8）将材质赋给平面，平面就变成了一个反光板，将灯光反射给物体，让灯光柔和均匀，按快捷键 Ctrl+R 进行快速渲染，看到流体有了明暗效果，如图 9-24 所示。

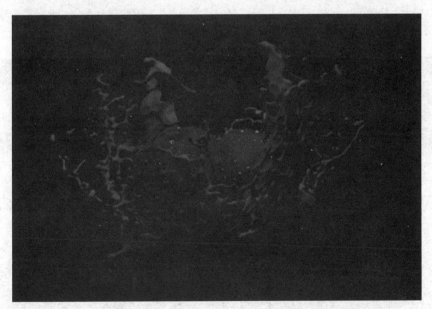

图 9-24

（9）给流体添加水的材质，在材质窗口双击鼠标左键，创建一个新材质，只勾选"透明"复选框，将"折射率预设"改为"水"，如图 9-25 所示。

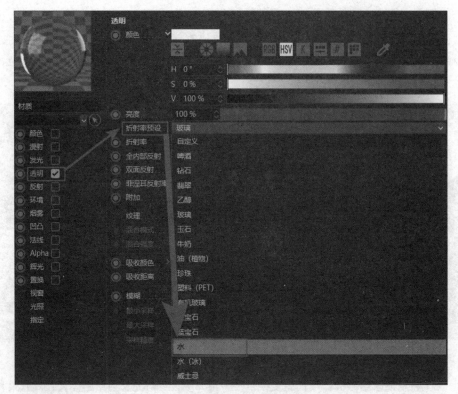

图 9-25

（10）添加 Beckmann 反射，执行反射的"层颜色"→"纹理"命令，选择"菲涅耳"，如图 9-26 所示。

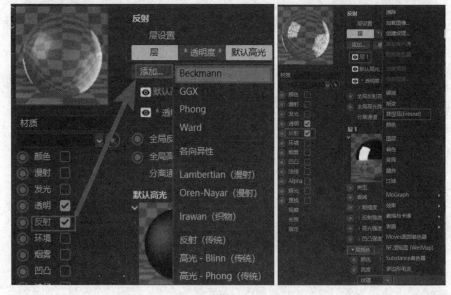

图 9-26

（11）按快捷键 Ctrl+R 进行快速渲染，如图 9-27 所示，流体是透明的，但明暗对比不够明显，水的通透效果没有体现出来。

图 9-27

（12）要让流体变得通透，首先，按快捷键 Ctrl+B 打开渲染设置，渲染器设为"物理"，在"物理"选项中提高采样，将"采样细分"设为"4"，"着色细分（最小）"设为"1"，"着色细分（最大）"设为"4"；在"选项"选项中将"反射深度"提高到"10"，如图 9-28 所示。

图 9-28

🌱小贴士　反射深度表示光线穿透一个透明或半透明材质表面的次数，当深度不够时，会因为光线反弹停止出现部分位置因为没有光线到达而出现黑色的情况。

（13）添加全局光照，将"次级算法"修改为"光子贴图"，"伽马值"设为"1.4"，如图 9-29 所示。

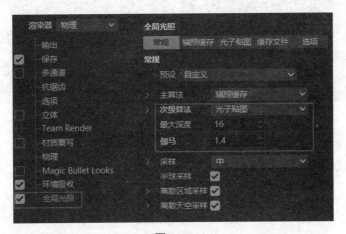

图 9-29

（14）单击工具栏 ▦ 下的 ◯ 按钮，添加一个天空，在材质窗口双击，创建一个新材质，只勾选"发光"复选框，在"纹理"选项选择"Soft_Lights_Studio1"，如图9-30所示。

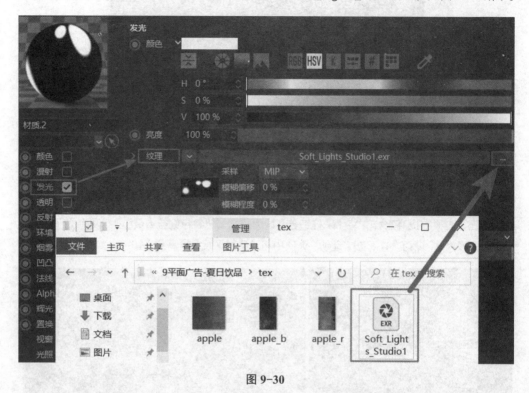

图 9-30

（15）将材质赋给天空，在对象窗口选择天空，单击鼠标右键，在弹出的右键快捷菜单中执行"渲染标签"→"合成"命令，取消勾选"摄像机可见"复选框，按快捷键Shift+R渲染到图片查看器，如图9-31所示。

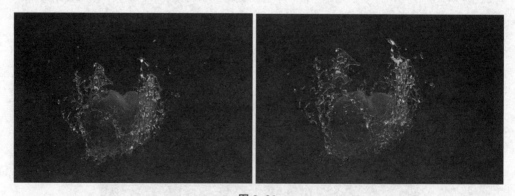

图 9-31

（16）在保存选项中，将"格式"设置为"PNG"，勾选"Alpha通道"复选框，输出一帧图片，设置如图9-32所示。

图 9-32

9.3.4 后期合成

（1）打开 AE 软件，将素材"水果 2.psd"拖曳到项目窗口，弹出"水果 2.psd"对话框，如图 9-33 所示，选择"可编辑的图层样式"，单击"确定"按钮在项目窗口会自动形成一个相同名字的合成。

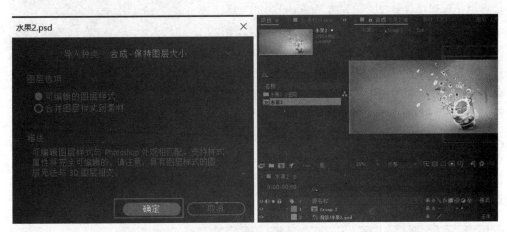

图 9-33

（2）合成里会保留 PS 中的图层，进入"Gruop 2"合成，将暂时不需要的图层单击 按钮隐藏，如图 9-34 所示。

小贴士 AE 是动态的 PS。PSD 文件导入 AE 有三个选项：

（1）素材：把 PSD 当作素材导入，不会新建合成。

（2）合成：读取 PSD 分层信息，在 AE 中新建一个合成并保持分层状态。

（3）合成 - 保持图层大小：当 PSD 的文件尺寸大于 AE 的合成尺寸时，保持 PSD 每一图层的大小，不进行裁剪。

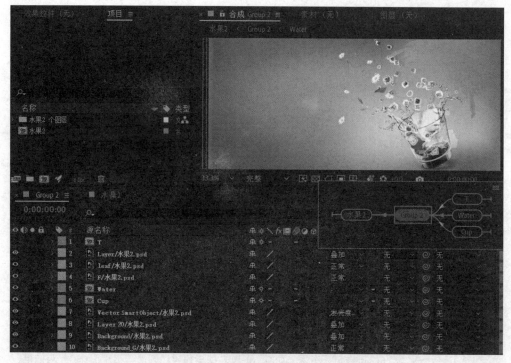

图 9-34

（3）将 C4D 导出的一帧图像"render0025"和其
他素材拖曳到项目窗口，首先将"render0025"移动到
合适的位置，如图 9-35 所示，可以看到图层整体暗淡。

（4）然后进行基础的调整，选择"render0025"图
层，在效果控件窗口单击鼠标右键，在弹出的右键快捷
菜单中执行"模糊和锐化"→"锐化"命令，将锐化量
设为 5，增加细节；执行"颜色校正"→"曲线"命令，
将暗部提高，如图 9-36 左图所示；执行"颜色校正"→"色
相 / 饱和度"命令，将"主饱和度"设为"20"，提高
颜色的饱和度，设置如图 9-36 中图所示；右图显示图像
整体提亮。

图 9-35

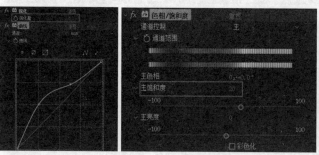

图 9-36

（5）接下来进行局部的处理，选择"render0025"图层，按快捷键 Ctrl+D，复制一个图层，修改复制图层的混合模式为"屏幕"，做一个遮罩，将"蒙版羽化"提高到"60"；取消"色相/饱和度"；拉高"曲线"，提高亮度，设置如图 9-37 所示。

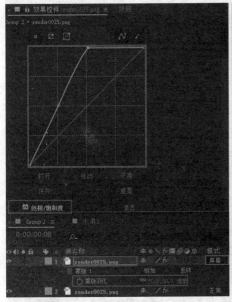 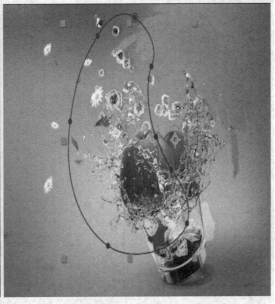

图 9-37

（6）按快捷键 Ctrl+D，再复制一个"render0025"图层，重新在右侧做一个遮罩，将"蒙版羽化"提高到"100"；修改"曲线"，提高暗部的亮度，如图 9-38 所示，这样，经过多次的局部修改，流体逐渐融入背景。

局部处理

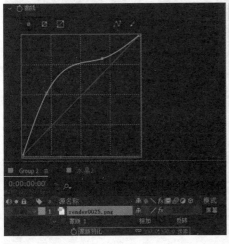 

图 9-38

（7）将文字素材拖曳到时间线，按快捷键 S，修改"文字"图层的大小，缩小到 40%，并移动到合适的位置，将图层混合模式改为"相除"，如图 9-39 所示。

图 9-39

（8）给"文字"图层添加一个遮罩，只保留上半部分文字，如图 9-40 所示。

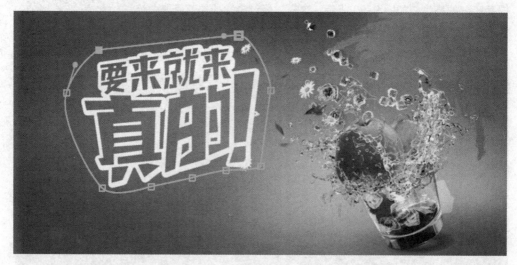

图 9-40

（9）复制"文字"图层，勾选蒙版的"反转"，将图层混合模式改为"点光"，如图 9-41 所示，下半部分的文字也处理好了。

图 9-41

（10）打开"T"图层并移动到合适的位置，元素点缀画面，如图 9-42 所示，整个效果完成。

图 9-42

（11）在项目窗口中选择"Group 2"合成，执行"合成"→"帧另存为"→"文件"命令，在"输出模块"→"格式"中选择"PNG"序列，如图 9-43 所示，输出一帧图像。

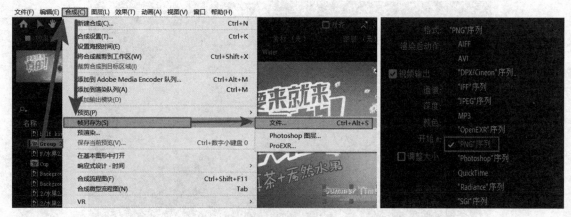

图 9-43

9.4
项目总结

　　本项目是一款结合 PS、AE、C4D 三款软件完成的平面广告，近年来，平面设计的作品里，很多场景和效果都是用 3D 软件特别是 C4D 完成的，相比其他三维软件，C4D 在广告、平面设计类的项目中使用更多，如果你想做一个有创意、拒绝平庸的设计者，那无论如何都要掌握 C4D。在逐梦的道路上，我们要怀抱梦想又脚踏实地，敢想敢为又善作善成，立志做有理想、敢担当、能吃苦、肯奋斗的新时代好青年，让青春在全面建设社会主义现代化国家的火热实践中绽放绚丽之花。

9.5
课后测试

课后测试

9.6 任务绩效考核

任务绩效考核表

任务名称	平面广告之夏日饮品		学时	4	班级	
学员姓名			实训场地		任务成绩	
学习任务			完成夏日饮品平面广告			

考核项目	考核内容	分值	指标说明	自评分（40%）	考评分（60%）	得分
工作业绩	粒子发射器	10	能正确调整球体发射器，放置在合适的位置			
	力场调整	10	能给流体添加重力场和噪波场，会添加球体域，调整粒子形态			
	水珠制作	15	会利用克隆和推散效果器制作水珠形状			
	流体材质	5	能按照要求对流体添加水等材质			
	灯光调整	10	能正确调整灯光和环境光，会利用平面制作反光板，体现流体效果			
	物理渲染器调整	5	会调整环境吸收和全局光照，提升流体材质效果			
	后期调整	10	在 AE 中，会导入 PS 文件；能对流体进行基础调整和局部调整，融入背景；会导出单帧图像			
工作业绩总分		65	工作业绩得分			

考核项目	考核内容	分值	指标说明	自评分（40%）	考评分（60%）	得分
工作表现	素材的收集	5	能收集对制作有用的图像素材，并及时、准确地运用到实际工作中提高效率			
	创新能力	5	取长补短，多角度、全方位思考问题；能在进行广告创意中运用相关知识点，创作出理想的作品			
	执行力	5	严格、高效地完成任务，及时提交作业，延迟提交作业的扣5分			
	协调沟通	5	能及时、主动进行沟通协调，能充分、积极配合其他员工进行工作			

续表

考核项目	考核内容	分值	指标说明	自评分（40%）	考评分（60%）	得分
工作表现	责任心	5	专注、严谨细致，有耐心、责任感，工作态度不认真扣3分，因个人原因造成小组不能如期完成作业的扣5分			
	团队配合度	5	守规矩、讲原则、团队协作，无故不服从组长调度扣5分			
	遵守纪律	5	迟到、早退情况，每迟到一次扣1分，无故缺勤扣5分			
工作表现总分		35	工作表现得分			
评语				考核总得分		
学习体会						
	制作中遇到的问题		解决方法			

参考文献 REFERENCES ···◉

[1] 厉建欣，刘娜，李涛 . After Effects CS5.5 案例教程 [M]. 北京：高等教育出版社，2015.

[2] 网络视频《老鹰讲 C4D》.

[3] 网络视频《老鹰 AE 系统进阶教程》.